フィナーレを
迎えるキミへ

咲 セリ

ペットライフ社

「生きる」ことは、
「生き終わる」ことより、
しあわせなこと。

誰もがそう思っている――いや、
思わなければ、
きっと人は、生き続けることなんて、できないからだろう。

だけど、
命は、必ず、生まれて、死ぬ。
お金持ちも、偉い人も、犯罪者も、動物も、植物も、平等に。
私たちは、生まれた瞬間から、
「生き終わり」に向けて、一歩、一歩、進んでいるのだ。

生き終わってこそ、命。

だから――
今から、私は、世界一大切なキミに訪れる「フィナーレ」を、
世界一、おだやかな光で、包んでみせる。

逃げない。

どれだけ、つらくても――
キミの「生き終わり」を、ともに、生きよう。

プロローグ

出会いは、５年前の冬。

指先がちぎれそうなほど寒い夜だった。

折り重なるように建ち並んだ繁華街のショップからは、耳をふさぎたくなるほど大ボリュームの音楽が流れ、色とりどりのネオンライトが行き交う客たちを手招きする。

ザッ、ザッ、ザッ、ザッ。他人に無関心な足音が響く。私は、今にも押しつぶされそうになる心臓を右手で握りながら、目的の店を目指していた。

ふだんなら訪れることのない店だった。加えて言えば、こんな繁華街にも来ることはなかったし、そもそも私は当時、外出すらできれば避けたいほど、心の病を患っていた。

「あと少し……」

ようやく見えてきた電飾付きの看板に息をつく。偶然に偶然が重なって実現することになった、友人との食事の約束だった。このまま真っすぐに歩けば、あと数分もしないうちに目的地に着く、はずだったのに――。

なぜだろう。私はふと、その視線を、道路をはさんだ対岸に移した。

「あんなところに、１００円ショップなんてあったっけ」

地面しか見ていなかったまなざしがふと泳ぐ。気がつけば私は、車の往来する道路を渡っていた。

そのときだった。

「ニャーン……」

消えそうなほど小さな声がする。

「えっ」

驚いてあたりを見回すが、せわしなく行き交う人の群れの中には何もない。

「気のせいか……」

振り返った首を元に戻して歩き出そうとしたとき、今度は、はっきりと、聞こえた。

「ニャーン……」


——覚えているだろうか。

あのときキミは、あのうるさくて汚い街の片隅で、自動販売機の陰に隠れるように身を潜め、真っ黒な体で、もっと真っ黒にうるんだ瞳を私に向けていた。

目の周りは目やにでぐちゃぐちゃ。鼻からは濁った鼻水が垂れ、毛は汚れか体液かわからないものにまみれてガシガシに傷んでいた。

猫が好きだった私は、戸惑いながらも、とっさにキミの前にしゃがみ込んだ。するとキミは、慌てて逃げ出すかと思いきや、今にも折れそうな足をゆっくりと動かしながら私の膝に上ってきて、そのまま、当たり前のように丸くなった。

ズピー……、ズピー……、苦しそうな鼻息が聞こえる。

恐る恐る、背をなでた。ゴツゴツとした骨と皮の感触しかなく、抱き上げたキミは紙っぺらのように軽い。あごは曲がり、右の下の歯がいびつに突き出し、くしゃみをすると、舌がペローンと飛び出した。

そして、凍《い》てつくように寒いこの街の中で、キミは、温かだった。

「少なくとも、生まれて3年はたっている成猫でしょう」

獣医さんは言った。キミはありとあらゆる場所に注射や点滴をされて、ノミ取りスプレーを全身にかけられた。たいそう不快だったろうに、文句のひとつも言わず、暖かい院内でうつらうつら、舟をこぎ始める。

うちで飼うことになるのかな……。漠然とそう思いながら連れ帰り、翌日、近所の動物病院にもう一度行った。そして……。

あのときのことは、今でも忘れられない。

小さなキミの体には、想像もできないほど、大きな大きな病気が巣食っていた——。

目次

2009年12月7日

予兆に、気づかなかったのではなく、気づきたくなかったのかもしれない。ボロボロにやせ細った黒猫を拾い、我が子にしてから5年。想像以上に穏やかに続いた日々は、それくらい私たちを鈍感にしていた。

これまでも何度か体調を崩したことはあったけれど、その都度、驚くほどの生命力で乗り越えてきたキミ。このところすっかり太ったおなかをデップデップ揺すりながら――しかし、キミが食べものを全く口にしなくなったのは、おそらく一昨日の夜あたりから。「おなかが減った」としきりに訴えるのに、ごはん皿にてんこ盛りのフードを入れても、においだけ嗅《か》いで肩を落として戻ってくる。大好きな缶詰を入れてあげても、刺身を見せても、水すら、口にしようとしなかった。

週末の休診日を乗り切った月曜の昼前、かかりつけの動物病院に電話をした。

「ただの便秘っぽい気もするんですけど……」。そう笑いながら、前日にインターネットで調べた症状を照らし合わせた私の頭の中に、「悪い予感」は、たしかにあった。

車に乗れない私のために、お昼休みに30分かけて迎えに来てくれた獣医さんとともに、病院の扉をくぐる。検査のためだろう。看護師さんも、ふたりとも残ってくれていた。

予感は的中した。

レントゲンと超音波と血液検査で調べたキミの体は、黒く写るはずの部分が真っ白で、脾臓《ひぞう》は本来ありえないほど膨らんでいた。腎臓の近くには「3つ」にも「大きな1つ」にも見える腫瘍。腰の下のリンパ節にも腫《は》れがあった。腫瘍《しゅよう》から出血しているのか、貧血の数値は正常値を優に割っている。

消化器型リンパ腫の「ステージV」。

——つまり、末期のがんだ。

どこかに、覚悟はあったのだろう。涙は出ず、モノクロの写真を前に、私は無表情で現状の説明を受けた。

「念のため……もう一度、調べてもいいですか?」

神にでもすがるような声で、獣医さんが言った。私はうなずいて、「ついでに私も、ちょっと思いきり泣いてきていいですか?」と破顔し、借りた箱ティッシュとともにトイレに向かった。この動物病院とも、もうすぐ5年になるつきあいだ。キミを初めて連れてきたあの日から——今さら、張るほどの見栄も意地もない。

去り際、レントゲン室の小窓から、猫としておかしな格好で保定されたキミが見えた。私の視線に気づいて、ちらり、「大丈夫なのよね?」と確認するような、不安げなまなざしを向ける。私はうなずく。

「大丈夫だよ」。キミは心なしか力を抜いた。

猫エイズ

と

猫白血病。

５年前、初めて立ち寄った動物病院。頼りなさげに下がった眉をさらに下げて、獣医さんは言いづらそうに目を伏せた。

「両方に、感染しています」

心臓が跳ねた。目の前が真っ暗になって、景色がゆがむ。

「死んじゃうの……？　この子、死んじゃうの……？」

真新しい診察室の床に、大粒の涙がぼたぼた落ちる。腕の中、きょとんとした顔で収まる小さな猫は、背中に水滴を落とす私の顔を不思議そうに見上げながら、自分に付けられた病名をただ聞いていた。

まだ若そうな女性の獣医さんが、一生懸命言葉を選んで、丁寧に病気を説明する。

猫エイズと白血病には、現在治療法が何もないということ。

猫エイズと白血病は猫同士で感染するから、家に猫がいるなら一緒に飼ってはいけないということ。

「治療法が、ない……」

同棲《どうせい》していた彼も、私の隣で同じように絶望した。

私たちの落ち込みがあまりにひどすぎたせいだろう。獣医さんは言った。

「ですが、毎日をなるべく〝ごきげんさん〟で過ごしたら、発症しないまま一生を全うする子もいないわけじゃないんですよ」

毎日ごきげんさん――。心の病気を患っている私には、まるで夢のような現実の目標だ。

雲の上を歩いているようなふわふわとした気持ちのまま、私たちは高台にある動物病院を後にした。木枯らしが私の長い髪を乱暴にゆすり、猫が寒くないかと、キャリーケースを胸にぎゅっと抱きしめる。

坂の下に、オレンジ色の大きな夕陽が浮かんでいた。ふたりと1匹の影が、長く、長く、伸びていく。

「……『あい』に、しよう」

ぽつり、私が口を開いた。

「え?」

彼が顔を上げる。

「この子の名前。世界でいちばん、愛される子になるように。たとえ、命は短くたって、誰よりも深くいっぱいの〝あい〟に包まれるように……」


「あれから、もうすぐ5年……か」

病院のトイレに座ったまま鼻をかんで、丸く切り抜かれた窓を見た。

涙をぬぐい診察室に戻ると、うんざり顔のあいとともに、獣医さんが額に汗をにじませたまま、かけるべき言葉を失っていた。

「手術……」

しぼり出すような声で獣医さんがつぶやき、顔を上げる。

「手術で、脾臓を丸ごと取ってしまうという方法があります。脾臓はそれほど重要な臓器ではないので、取り出すことはそんなに珍しいことじゃないんですよ。ただ、その近くにある腫瘍や、手術では取れない腫瘍が……」

「それは、どうなるんですか?」

「取れそうなら取るという形で……正直、試験開腹で、おなかを開いてみないとわからない部分が大きいです。ただ、どちらにしても、手術の後、抗がん剤治療はしなければいけません。それと……」

「それと?」

「貧血があるので、輸血をしながらの手術になります」

「輸血……」

「あ、それは大丈夫です。日本猫ちゃんの血液型は大体合うし、ちゃんと検査をしてから行います。手術をするとして、私がお願いしたいと思っている病院なら血も沢山あるし、なんなら、うちの猫にもがんばってもらいます」

「手術は、この病院ではできないんですか？」

「大きな病院のほうが設備も整っているし、私より腕の良い獣医さんもいます。あいちゃんの負担のことを考えるなら、そのほうがいいと……」

「でも、私は先生がいいんです。今まで、何度もあいを助けてくれたのは先生だから……」

獣医さんは迷うように視線を落とし、しばらく考えた末「やっぱり……」と首を振る。

「……入院も、しなきゃならないんですよね？」。私が聞いた。

「はい。おなかを開くことになるので、食事をちゃんと取れるようになるまでは1週間……いえ、せめて数日は……」

「手術の麻酔や輸血で、『何か』があるということは、絶対にないんですか？」

「……」

「1パーセントでもあっちゃいけないんです。『もしも』が起こる可能性が。あいには、もう二度と、怖い思いも、苦しい思いも、させちゃいけないから……」


拾ってすぐに、猫エイズと猫白血病のキャリアであるとわかったあいは、すでに飼い猫のいる私と彼のもとで飼うことはできなかった。実家の母に相談すると、施設にいるため空き家になっていた祖母のアパートで、もらい手が見つかるまでのあいだ、交代で通って世話をしてはどうか、と言ってもらえた。

朝、昼、夜に私と彼、そして私の母が、あいを隔離したアパートに顔を出し、薬とごはんを与える。同時にインターネットで里親募集のホームページを作り、あいだけを飼うことのできる家族を探すことにした。

世話をし始めてみると、あいは、初めて出会ったときのなつきようが嘘《うそ》のように、臆病《おくびょう》な猫だった。

長いノラ生活がそうさせたのかもしれない。おなかが減ると、うるさいほどに鳴いて甘えるくせに、いざなでようと頭に手をかざすと「殴られる」とばかりに身を硬くした。猫が好むダンボールや袋を見せても、脱兎《だっと》のごとく逃げ隠れる。虐待を受けたことがあったのかもしれない。あいのあごは、まるで何かで殴られたかのように曲がり、ゆがんだ歯が突き出していた。

もちろん、猫用のおもちゃを見せても、それが何を意味するのかまるでわからないようだった。ふんふんとにおいを嗅いで、食べられないとわかるとそっぽを向く。

四六時中、飢えていて、おなかを壊さないようにと定められた食事量では足りず、お皿が空になった途端、甲高い声でおかわりをねだった。声が枯れるまで鳴き続け、腕に擦り寄り、寝転がっておなかを見せる。人間におびえながらも、あの繁華街で生きていくためには、人間に食べものをもらうしかすべがないことを知っていたのだろう。

大きな病気を2つも抱えたあいの体は、全身で、生きようとしていた。

しかし、そんな懸命な思いも届かず、あいをもらってくれるという人は、いつまでたっても現れなかった。

心の病気を抱え、仕事もろくにできない私の貯金は、あいの医療費でみるみる底をつき、その上、アレルギーか精神的なものが原因か、体中に真っ赤な発疹《ほっしん》ができた。かゆくて痛くて、そして不安で、私の心は限界に来ていた。

くしゅん。あいがくしゃみをしただけでも、体がこわばる。

いつまでも治らない下痢のため、アパートは訪れるたびに、そこら中がうんちだらけになっていた。

一緒に死んでしまったほうが、いいのかもしれない――。

茜色の夕陽が射し込むアパートの一室で、わずかに距離を取る小さな黒い塊を見下ろす。生きていたって、何かを生み出すことなんてない。体の病気を抱えたあいと、心の病気を抱えた私。これから誰かの役に立てることもない。この世の中に、いらない命――。

それでも――、
あいは、生きた。

薬かごはんかわからないようなフードをおいしそうに食べ、誰が教えたわけでもないのに猫用トイレで立派なうんちをし、ある日、それまで食べもの以外には何の興味も示さなかったあいが、転がっていたおもちゃのボールに、うれしそうにじゃれついた。

「前回通院してくださったときに、私がもっとちゃんと気づいていれば……」

獣医さんが、今にも鼻水の垂れそうな声で、フロントガラスを見つめたままハンドルを切った。少し前、別件であいを病院に連れて行ったとき、私も獣医さんもそのときの症状に気を取られて、レントゲンや超音波までは撮らなかったのだ。

後部座席の私は、猫用キャリーの中でふっと息をつくあいの頭をなでながら、かぶりを振る。

「自分で選んだんだと、思います。……あいが」

言葉にして、獣医さんへの気遣いでも自分へのなぐさめでもなく、腑に落ちた。

「不思議だけど、あいは自分の未来を、いつも自分で選んでるような気がするんです。ずっと昔、私が心の病気でボロボロだったのに、なぜかあの日あの繁華街に偶然行ったことも、もらい手を見つけるつもりだったのに、いろいろあって結局うちで飼うことになったのも、その都度あいが、自分で選んで導いてたように思うんです」

うなずくように、運転席の獣医さんの肩が震えている。

「だから、前に病院に行ったとき、病気に気づかなかったのは、もしもそのとき腫瘍を見つけられて、私が迷わず『手術します』と言うことを、あいが避けたんじゃないのかなあ……って」

応える代わりに、獣医さんののどから嗚咽《おえつ》がこぼれた。私の頬《ほお》にも絶えず涙が流れていて、だけど、横を向くと、国道に下る橋の上から、金色の夕陽が世界を包む姿が見えた。

「空、きれいですよ」

鼻水だらけで、私が言った。獣医さんが助手席から片手でハンドタオルを取り出しながら、わずかに窓を見る。鼻をすする湿った音が車内に響き、車が小さく左右に揺れる。

「……どうなっても、しあわせにするだけだから」

私は言う。最後のほうは涙で声にならなかった。

強がりかもしれない。だけど本気だ。

これから訪れるかもしれない、あいの「フィナーレ」を、この夕陽のようにキラキラした光であふれたものにする。

「1日」で、「1年」分、生きる。

10「年」か、7「年」か――食べものも水も口にできない今、もしかしたら、残された時間はそんなにも長くないかもしれないけれど――……。

だけど私は、あいがフィナーレを迎えるその瞬間まで、しあわせに、世界一、しあわせにする。

「死」は、「絶望」じゃない。

思春期を迎えたころから、ずっと心の病気で「死にたい」と思い続けていた私にとって、死はひとつの選択肢であり、やがては誰もが行き着くゴールなのだ。

後悔は、していない、不思議なほど。

だって、覚悟は、ずっとずっと昔――出逢った日から、していたものね。

金色の光が、ありふれたニュータウンの街並みをやさしい色に染めていく。悲しいことがあったときほど、世界が輝いて見えるのはなぜなんだろう。

車と車のすき間をぬって、せわしなく走るバイクがあった。

そんなに生き急いで、何になるのかなあ。


あいの状況を簡単にメールで伝えたら、仕事を終えた夫が、ショートケーキとお寿司を買ってきてくれた。張り詰めていた緊張の糸がわずかにゆるむ。

覚悟はしたつもりでも、獣医さんの車を降り家に入った途端、がたがたと膝が震え、腰から崩れ落ちた。歯の根が合わない、とはこういうことを言うのか、と笑った後、うずくまって泣いた。

待ちきれず、夫の買ってきたケーキの生クリームを指先に取り、あいの目の前に差し出すと、一瞬なめようとして、やめた。お寿司は、細かく刻んだトロもタイも、においを嗅いで、やはりあきらめたように目をそらす。

けれど、おなかは空くのだろう。せつなげに「アニャア」とかわいい声を出しては、ごはんをねだる。

そこに、入っているのに。

食べることが大好きなあいなのに。

私たちの夕食を準備し、いつものように「いただきます」の代わりにお茶で乾杯をしようとお互いの湯飲みをかかげた。うちでは、9か月前に長男猫の「ビー」ががんになり、半年の抗がん剤治療の末、寛解《かんかい》状態（臨床ではがんが見えない状態になること）を維持するようになってから、「乾杯」の代わりに「寛解」と言っていた。

湯飲みを傾けかけて、ふたりとも言葉が出てこない。

「何に、かんぱいすればいいんだろう……」

苦笑するように小首をかしげたまま、泣いた。

あいの視線を受けながら、もそもそと箸を進める。すると、いつものことだが、ビーがタイミング悪く自分のごはんをねだって鳴いた。

夫は食事もそこそこに立ち上がり、ビーのごはん皿を取りに行く。ビーは、いそいそとその後に続き、つられて末っ子の「ヒナ」もとてとてと歩き出した。

そのときだった。それまでけだるそうに座り込んでいたあいが、ふいに体を起こし、ほかの猫たちの後を追う。

「えっ」

驚きつつも夫は、さっきまではあいが目もくれなかったごはん皿を、あいの目の前に差し出した。

ふんふん、においを嗅ぐ。あたりを見回す。隣ではビーとヒナが、もくもくと自分たちのごはんを食べている。

やがてあいは迷いながらもごはん皿に半分顔を突っ込むと、いつものように、ただのドライフードを、カリ、コリ、と噛み砕いた。

「食べた……！」

カリ、コリ、カッフ、カッフ……。3つ並ぶ、まあるい黒いお尻たち。もう一匹の猫「ぴょん」だけは、空気も読まずミャアミャアと鳴いて、遊んでもらうおもちゃを探している。そのマイペースさに、あいが振り向くたび、気が気じゃない。

だけど、あいが食べた。

そして、いつものようにトイレに行く。何度か砂をかくが、ここのところうんちの出も悪い。今回も出なかった様子。

それでも、その後また戻ってきて、ごはんを、カリ、カリ……と口に運ぶ。

あいを動かしたのは、高級な刺身でも、甘いクリームでもなく、「家族」だった。

いつもの習慣が、あいに食事を思い出させてくれた。

「食べられる」ということがわかると、途端に私たちにも未来への欲が出てしまう。

まだがんばれるんじゃないか。例えば手術をして、悪いものをすべて取り出して――。

「無理なのかな……?」

ふだんは何事においても自然に任せることを好む夫が、珍しく私よりも手術の可能性に賭《か》けたがった。

私は息を吸うと、今日聞いた話と、自分なりにインターネットで調べた知識を、なるべく客観的になるように伝えた。

手術をすると言っても、今の貧血状態では輸血をしながらでなければできないこと。

開腹してみても、何もできない可能性もあること。

脾臓という臓器を丸ごと取り出すが、それは免疫系の臓器であるため、取り出した後の抵抗力の低下が個人的に気になっていること。

すべての手術がうまくいったとしても、その次には抗がん剤治療をしなければならないこと。

そして――、
それが仮に全部、最高に成功したとしても、獣医さんのこれまでの経験では「3か月の延命」という結果しか出ていないこと――。

聞き終えて、夫が両手で顔をおおった。鼻をすする濁った音が食卓に響く。

「……俺らがあいなら、どうしたいだろう」

私は、涙でコンタクトがはがれかけた目を宙に投げた。一生懸命、想像する。

「たぶん、放っておいてほしい。……カジは?」

「俺は……」

夫の顔が、崩れるように真っ赤にゆがんだ。

「家族と、ずっと、一緒にいたい……」

2009年12月8日

朝の9時ごろ目が覚めた。

ふと足元に目をやると、あいがいつものようにベッドのすそのほうで、布団に埋もれながら朝日を浴びている。手元の携帯電話で時間を確認し、「もうひと寝入りしていーい？」と、寝ぼけ声であいに聞いてみる。あいはちらりと振り向くと、我関せずといった表情であくびをした。

まだ、この世界に、いてくれるみたいだ。

ほっとして目を閉じるが、なぜか眠れない。昨日泣きすぎたまぶたが、のりでくっ付けられたみたいにベシベシ痛む。

よろよろと這《は》いつくばるように体を動かして、足元のあいをなでる。

あいが興味深そうに目線を窓の外に向けていたので、ベランダのガラス窓を開けてみた。ふだん掃除もしていないベランダは砂ぼこりだらけで、慌てて濡れタオルで軽くきれいにしてみたものの、結局あいは出てこなかった。

ビーとヒナだけはうれしそうに飛び出し、しかし寒かったのか、すぐに暖房の効いた寝室に駆け込む。

何げない一日の始まり。昨日、あんなことがあったなんて嘘みたいだ。

洗濯機を回して、シャワーを浴び終えると、寝室にあいの姿はなかった。いつの間にか1階のリビングに行ったようだ。ドッドッドッド、と軽快に走る音が階下から聞こえて期待するが、どうやらマイペースっ子のぴょんの足音だったみたい。

「アニャア」

ごはんをねだるあいの高い声に階段を下り、「入ってるよ?」と、ピンク色のあい用のごはん皿に誘導するが、やっぱり今日も食べようとしない。思いつく限りのあいの好物を並べてみたが、ひとなめもしなかった。

それでも、干したてのソファカバーをふわりと広げ、むき身になっていたソファにかぶせていると、「これこれ」と言わんばかりに、真新しくなったカバーの上にトスンと座る。背もたれに寄りかかったあいは、なんだか女王さまのよう。しかし、しきりにお尻を気にしている。

おなかが痛いのだろうかと不安になって近寄ると、お尻の穴に、まだ新しい下痢のうんちがへばり付いていた。ティッシュをお湯で濡らし、やさしく拭《ふ》く。

見ると、さっき変えたばかりの白いソファカバーにも、黄土色のうんちが点々と……。取り替えて数分で、無念、洗い直し。

そういえば――と、5年前の惨状を思い出す。猫エイズと白血病キャリアであることが判明し、猫のウイルス風邪も併発していたあいは、ひどい下痢も起こしていた。狭い祖母のアパートを訪れるたび、思わず鼻をつまむほどの臭気が私を直撃した。そこここにうんちが転がり、床に敷いた毛布には、下痢を擦った茶色い筋が足の踏み場もないほど広がっている。

当時の私はひどい潔癖症で、住み慣れた家のテーブルでも、放っておくと何十回と拭き直すほどだったから、汚れのデパートのようなその部屋と猫に、「もう無理だ、もう無理だ」と、幾度となくパニックを起こしたっけ。

思い出して自然と口元がゆるむ。

うんちに始まり、うんちに終わる。

今は、下痢すら、いとおしい。

シーツを洗い直し、リビングから2階へ続く吹き抜けに、パン、と張って干す。洗剤の柔らかな香りが、室内の空気を澄み渡らせた。


初めてボールで遊んだあの日から、あいは、どんどん猫らしくなっていった。窓辺で外の小鳥を気にしたり、日記をつけている私のボールペンを横から奪い、転がして遊んだり……。すでに成猫であるというのに、まるで生まれたばかりのころから生き直しているかのように、あいは、甘えん坊でやんちゃになった。

そんなある日、あいは不妊手術をすることになった。

手術の麻酔が猫エイズや猫白血病の発症の原因になる可能性もあると聞いて、生きた心地のしないままあいを送り出し、あいが戻るまでにアパートの大掃除をした。

今までも、あいは病院に行くたび、恐怖からか帰るとすぐにベッドの下に隠れてしまっていた。術後の体で隠れるのならば、ほこりひとつないくらい清潔にしておかなければならない。

夕暮れ時をとうに過ぎたころ、白い包帯のような術後服を着せられたあいを病院で引き取った。あいの目は麻酔の影響で瞳孔が開き、体は毛が逆立つほど震えている。

「がんばったね……ありがとう」

壊れものを扱うように、私はあいの入ったキャリーを胸に抱き、夫が車を走らせた。アパートにたどり着き、キャリーの扉をカチャリと開ける。

抱きしめたい気持ちをぐっとこらえて、あいをおびえさせないよう、私はベッドまでの道のりを開けた。静かに仰向けに寝転がる。あいは、恐る恐る足を踏み出し、いつものベッドを目指そうして……、その手前に寝転がる私のおなかの上に、おぼつかない足取りで、のそりと上ってきた。

す、とん。不器用におなかの上で丸くなる。

グ…グルル……。消えそうなほど小さな、のどを鳴らす音が聞こえた。

見上げる天井がにじんだ。あいを驚かせないようにと思うのに、私のおなかは嗚咽で小刻みに震えてしまう。

甘えるように、あごに擦り寄せられた顔からは、ズピー、ズピー、と、鼻水混じりの寝息が口元をくすぐる。私の心音と、あいの心音が、溶けるようにひとつになっていく。

今、ここに、あいがいること。

この部屋が、暖かいこと。

ごはんが、おいしいこと。

それだけのことが、こんなにもいとおしいものだなんて。


――もう、死にたい気持ちは、私の中になかった。


「あいと一緒に暮らしたい」

ずっと抱え続けていた思いを口に出せたのは、出会いから半年たった夏のことだ。

インターネットで募集した家族も全く見つからず、反対に、私のあいに対する情はどんどん深まっていった。

「だけど、家の猫への感染が……」

すでに籍を入れた彼、つまり夫が不安げに口を開く。私は鼻息を荒くして、

「調べたんだけどね、猫エイズは血が出るほどの噛み傷でもなければ感染する可能性は低いんだって。白血病には、100%ではないけどワクチンがあるし」。

今でこそネットなどで、キャリアの猫とノンキャリアの猫が一緒に暮らしているという話

をよく目にするようになったが、当時は、その情報にたどり着くまでに信じられないほどの時間を要した。それどころか、「猫エイズ」や「猫白血病」で調べると、いかに苦しんで死ぬか、いかに凄惨《せいさん》な闘病生活を送るかのサイトにばかり行き当たった。

怖い。そんなに大きなショックを、未来の私は受け止めることができるのだろうか。私ひとりが生きていくだけでも精一杯なのに、そんなあいを、本当にしあわせにできるのだろうか。

日々が葛藤との闘いだった。

「住む家は？　今のハイツじゃ、これ以上、猫を飼うのは無理だよ」

夫が言う。

「家を探そう。あいも一緒に暮らせるような大きな家」

「お金は？　俺の稼ぎだけじゃ、とうてい……」

「私も働く」

「家から出ることも難しいのに？」

「だから、家でできる仕事を見つけるの。猫たちが感染しないように、ずっと家で監視できる仕事。朝起きるのが難しい日もあるから、自分のペースでできる仕事」

「そんな仕事……」

あるわけない。言い切ってしまうほうが楽だったのかもしれない。

だけど、その日から私は、ネットで調べた在宅ワークの募集に、片っ端から連絡を取り続けた。数え切れないほど断られた。それはまるで、あいの家族を探していたときと同じようで、やっぱり私たちなんて世の中に必要とされていないんだな、と落ち込むには十分だったけれど――。

不可能だとあきらめていたことも、やるしかないのだと腹をくくれば、目の前に道が広がった。

下請けのそのまた下請けという在宅ウェブデザインの仕事に就くことになったその日、私は近所のケーキ屋さんで、小さなケーキをお祝いに買った。

あいは、初めて見るケーキを不思議そうに眺めながら、ペロリと白い生クリームを口にして、目を輝かせた。

「これ、お土産」

昨日、あいが末期がんであるという診察を受けた後、すぐに母にメールをした。すると、午後になって訪問があった。手にはケーキの包み紙。懐かしい、あのとき買った記念のケーキ屋さんのものだ。食べられないかもしれないけれど……。そう思いながら包みを受け取る。

あいはと言えば、祖母のアパートで隔離生活をしていたころは散々母にも世話になったくせに、引っ越してから会う機会が減ったせいか、慣れない足音を聞くと、２階の仕事部屋のこたつに潜り込んでしまった。

「いいよ、いいよ。そっとしてあげて」

そういう母を自分としては珍しく押し切り、私はこたつ布団を開けた。奥ではあいが不安そうな目でこっちを見ている。病院に連れて行かれると思ったのだろう。

母は、真っすぐにあいを見つめると、引っ張り出そうとする私を制して、あいに言った。

「あいちゃん……あいしてるよ」


母が帰り、夫が帰宅してから、どうせ無理だろうとあきらめつつも、母が土産に買ってきてくれたケーキを皿に乗せた。なんの変哲もない、むしろ時代遅れのそのクリームを指に取り、鼻先に寄せる。と——。

ペロリ。迷うことなく、あいがなめた。

「え……？」

私と夫が目を丸くしていると、あいは、まるで昔に戻ったかのように、おかわりをねだる。クリームをぬぐい、差し出す。食べる。差し出す。食べる。

昨日のケーキはだめなのに、このケーキは食べるなんて、なんて味のわかる猫なんだろう。思わずふたりで笑った。それとも、母の必死の思いが伝わったのかな。


夕食を終え、夫が2階にある風呂に入るため階段を上る。途端に、あいが探すように見上げて「アニャアニャ」と鳴き始めた。

「大丈夫だよ。お風呂に行っただけ。すぐ戻るよ」

片時でも一緒にいたいんだ、と思うと、涙が込み上げる。あいはきょとんとした顔で、しぶしぶながら、階上を見上げることをやめる。

「一緒に、いてもいい……?」

あいに聞いた。

「手術をしたら……っていう、もしかしたらの可能性を捨てて、1秒も離れず、あんたと一緒にいても、いい……?」

あいが、赤くなった私の鼻に擦り寄った。どちらのものかわからない鼻水が、お互いの鼻に付いた。

２００９年12月９日

足の動かない不自由さを感じて、けだるい夢から覚めると、朝の光がまぶたを射した。

レースのカーテンだけになっているベッドの足元に、あいと、ビーと、ヒナが、香箱座りをしている。

これは写真に納めなくちゃ、と、仕事部屋にカメラを取りに行って戻ると、ふだんはひとりを好むぴょんまでやって来て、猫たちが寝室に勢ぞろいしていた。

乳白色の柔らかな光に、４匹の黒い毛玉が包まれている。

これ以上のしあわせが、どこにあるだろう。

洗濯をして顔を洗ってと、いつものことをいつものようにしていると、あいがいつの間にかリビングに下りて、自分の皿からドライフードを食べていた。

カリ、カリ……コロン。

歯がほとんどないあいは、いつも小粒の丸いフードを、口のすき間からこぼしてしまう。

カリ、カリ……コロン。

不器用なあいの、いつもの、ごはんの音。

もうだめだ――なんて、嘘じゃないのかなあ。

病院で打った点滴が良かったのか、また少しずつ食欲が出てきたあいを見ていると、そう思わずにはいられない。がんの末期だなんて全部勘違いで、またケロっと元気になって、私を驚かせるんじゃないのかなあ。

出会ってから今日まで、あいは三度、生死の淵《ふち》をさまよった。

一度目は出会ってすぐ。おそらく猫エイズと猫白血病に感染した直後だったあいは、さらにウイルス風邪も併発していた。生きていることが不思議なほどやせ細った体で、目やに、鼻水、下痢の3拍子がそろっていて、どれだけ薬を飲ませても一向に良くなる気配はなかった。

このまま一生、闘病を続けながら生きるしかないのだろうか……。そう覚悟しながら、家族として迎え入れることを決めた日のことだ。

猫の爪のような細い三日月が空に浮かんでいた。私と夫は、あいの入ったキャリーを抱え、真夜中に自分たちの家に帰った。

カチャリ。キャリーの扉を開く。

待ち構えていた先住猫たちは「なんだなんだ」と鼻を寄せ、あいの存在を確認するやいなや、慌てて威嚇しながら飛びのいた。

しかし、あいだけは、我関せずといったふうに彼らのあいだをスタスタと通り抜け、我が家でいちばんいいソファの上にトスンと座り、当たり前のように毛づくろいを始めた。

そして、その翌日から、魔法のようにぴたりとあいの風邪は治った。


二度目のそれは、一緒に暮らし始めて3回目の夏だった。

引っ越して遠くなってしまったいつもの病院まであいを連れて行くのが不憫《ふびん》で、家の近所の動物病院に健康診断目的で往診をお願いした。あいの体を診察するなり、初対面の若い男性の獣医さんは、眉間に深いしわを寄せて言った。

「猫エイズも、白血病も、発症していますね……」

「えっ……」

あいの涙混じりの目と、鼻水だらけの鼻、そしてただれた口の中を見て、獣医さんはため息をつく。絶望的な状態らしい。これからは週に一度、点滴と注射をしなければ、いや、したとしても、そう長くはもたないだろう、と。

たしかに、ここのところのあいは、ごはんを食べるたびに口の中を痛がり、ひどい口臭とよだれに悩まされていた。大好きな刺身はなんとか食べるものの、それすらも、歯のない口からこぼれ落ちてしまう。「残念ですが……」。獣医さんが目を伏せる。

信じない——。私は、かかりつけだった女性の獣医さんのもとに走った。すでに電話で状況を聞いていた獣医さんは神妙な面持ちであいを迎え、慎重に触診し、過去のデータを何度

も何度も確認し直した。そして、

「あいちゃん、体重も、口の中の状態も、1年前と変わっていませんね。全身のリンパが腫れている様子もないし、貧血もありません。大丈夫。発症はしていませんよ」。

腰が抜けそうになった。獣医さんも安堵《あんど》したようにやさしくほほ笑む。

「今までどおり、です」

そうか。初対面の獣医さんには「発症」に思えるほどの状態も、けっして楽観はできないけれど、あいにとっては「普通」なのだ。私の心の病気もパーソナリティー障害も、けっして「正常」とは言えないけれど、私にとっては長いつきあいで「普通」であるように。

かかりつけの獣医さんの提案で、あいは歯肉炎の原因になっている悪い歯を取り除く手術をすることになった。全身麻酔をしなければならないことや、それによる体や心のストレスを危惧《きぐ》したが、手術は大成功し、それまで真っ赤だったあいの口内は口臭も痛みもすっかりなくなって、健康な猫と変わらないほどになった。

三度目の事件が訪れたのも同じころだ。

歯の手術をするために採取した血液検査で、あいの腎臓の値が正常値を超え、腎不全になってしまっている可能性があるとわかった。

猫の腎不全はけっして珍しい病気ではない。しかし、腎臓は一度壊すと二度と治ることはなく、血液を浄化できなくなった体は、やがて自分で血液を作れなくなり、命を落とす。

「これなら、あいが食べるから」と、何も考えずに毎日あげ続けていた刺身が良くなかったのかもしれない。歯を痛め、ドライフードを食べにくくなったあいに、私はどれだけお金がない日でも「お刺身だけは」と、無理をしてでも買い与えてしまっていた。それが、猫の体に良くないものであると知らずに。

その日から毎日、あいは自宅で点滴をすることになった。

遠くの病院まで通うのは大変だろうという獣医さんの配慮だったが、医者ではない私たちの点滴はひどく下手で、おびえるあいを私が押さえ、夫が恐る恐る針を刺しても、輸液はすき間からだらだらとこぼれ、あいの背中をびちょびちょに濡らした。

やがてあいは、私たちが点滴のセットを棚から取り出すだけで、おびえてソファの裏に隠れるようになった。これじゃあ体は治療できても、心は毎日、恐怖とストレスに侵され続ける。私たちはそのときも泣きながら考えた。

「もしも、明日、あいがこの世を去るのだとしたら……」

おびえるまなざしで背中に針を刺されたまま息を引き取るあいを想像し、胸が張り裂けそうになる。そんなのは「しあわせ」じゃない。

私たちは、断腸の思いで点滴をやめた。死の覚悟とともに。

ところが驚くことに、その2週間後、あいの腎臓の値はすっかり正常値に戻っていた。

それから2年が過ぎ、私の口癖は「でもね、全然元気なんです。問題は太りすぎくらい」になった。猫エイズと猫白血病を抱えた猫と暮らしていると告げた後で言うセリフ。大げさでもなんでもなく、本当にあいは、びっくりするほど、元気——だったんだ。

夕方の光が寝室を包むと、あいはベッドから仕事部屋のこたつに移動する。夫が帰ってくるころになると、今度は、1階のリビングに下りていく。

あいは時間に正確だ。というより、自分の決めたペースに、だろうか。

この時間にはここに行き、この時間には何をする、というのが、おおまかではあるけれど決まっているようで、だから夫の帰りが遅いとか、私の仕事が終わらずいつまでも仕事部屋から出てこないとかいうことがあると、ひたすら「アニャアニャ」と鳴いて、いつもどおりに過ごすように、と怒る。

そしてあいは、「ひとりぼっち」が大嫌いだ。

自分で勝手にどこか別の部屋に行って眠っていたくせに、目が覚めたときに誰もいないと、まるで狂ったように鳴いて、私たちを探す。

「あいー。ここだよー。ここにいるよー。あーいー」

階下のリビングで叫ぶと、ドスドスと大きな音を立て、お尻を振りながら階段を転がるように下りてくる。と思うと、わざと少し離れた場所で、ドテンと寝転がる。

「ここで、なでろ」の合図。

いつからこんなに甘えん坊になったのだろう。出会ってすぐのころは、つねにびくつきながら、人間の顔色をうかがっていたのに。

5年近く一緒に暮らして、あいは、もう知っているのだ。私たちが、あいに、けっしてひどいことをしないということを。どれだけ嫌なこと（例えば薬とか）にも何か意味があって、それが終われば「いつもどおり」が、ちゃんとやってくるということを。

それなら、なおさら「いつもどおり」であることが、あいにとっていちばんのしあわせなんじゃないのかな……。

あいが、知らない病院に入院し、手術をする姿を想像する。

それが成功して、毎週、車で30分かけて抗がん剤治療に通う姿を想像する。

このすべてが、こんなに長いすべての行程が、本当にうまくいくのだろうか。

いや、うまくいったとしても――。

生き永らえた先、もしも今度は猫エイズが発症して、口内炎だらけで食べられなくなり、やせ細り、苦しみながら死を迎えるとなったとき、「ああ、あのとき、安らかに逝かせてあげれば」と思わないだろうか。きっと思うだろう。

このまま貧血が進めば、あいは眠るように、少しずつ少しずつ意識を失っていく、らしい。

ぼんやりとした時間が日に日に増え、現実と夢のあいだを行き来するようになって、おそらく痛みもほとんど感じないだろう、と。

私はこれまで、実家を含めて2匹の猫を看取った。程度の差はあれ、どちらも最期は痛みと苦しみに襲われ、断末魔の悲鳴を上げて、この世を去った。

それと比べれば――。

ゆるやかに、いつもどおり、できればおいしいものを食べながら「その日」を迎えられたら――。

それでもなお、獣医さんからのひとつの提案を思い出す。

万が一、あいが手術をするとして、そして手術が成功した場合、次に行わなければならないのは抗がん剤治療だ。抗がん剤治療には、かかっているがんの細かな種類によって、抗がん剤が効きやすいタイプと、効きにくいタイプがあるらしい。すでに採取したあいの血液を検査機関に送ることでわかるというので、お願いした。

できるだけのことをしたい。

なんだかんだ言っても、私はまだ、奇跡を期待してるのだろう。

2009年12月10日

雨。

最近は9時前には目が覚めるのに、雨の日はてきめん、体が動かない。

気がつけば11時。頭は重いけど、久しぶりに睡眠時間が足りるくらい眠れたのだろう。いつもうっとうしく思っていた雨の日も、「ある」ことは、いいことなんだな。


仕事部屋に行くと、パソコンデスクの上に大学ノートが開いて置いてある。あいの病気がわかった翌日から、夫と交換日記のように各自が見たあいの様子を報告するノート。

あの日から、夫は毎晩、猫たちと一緒にリビングのソファで眠ることに決めた。

もともとは、夜ふかしの私がリビングでうだうだしているところに猫たちが集まり、でも寝るときは私だけが寝室に行くものだから、結果的に猫だけがリビングで眠っていたのだけど。

「今日からは、仕事以外はずっと家族と一緒にいる」

夫が決めたそれは、願かけの一種だったのかもしれない。けっして大きいとは言いがたいカウチソファで体をくの字に曲げ、床暖房の面積を広げて猫ゾーンを作る夫。朝方までぼんやりパソコン作業をしている私がふと見ると、この仕事部屋から漏れる明かりの中、夫と、4匹の黒猫が思い思いに眠っている。

ノートを開くと、男性にしては小さい文字が几帳面に並んでいた。

1階トイレ　おしっこ2　うんち1
2階トイレ　おしっこ1
朝は、ビーにつられて、あいも皆もごはんを食べる

罫線にきっちり沿った、律儀すぎるほど律儀な報告。振り返れば、あいを拾って私と母と彼が交代で世話をしていたときも、3人で同じように日記をつけていた。

最年長の母の文字はいちばんへたくそで、いつも「あいちゃんは本当にかわいい子」など、感情的な報告ばかり。私は私で「あいの体調を正しく把握するために、交換日記をしよう」と言い出したくせに、何の役にも立たないあいのイラストばかり描いていた。そして、各々の報告の中に、時折、こんな一文が紛れ込んでいる。

また、あいにボールペンを奪われた
転がして遊び、なくされる

「おもちゃ」なんてものが存在しない繁華街で生きてきたせいだろうか。あいは猫用のおもちゃよりも、ボールペンや洗濯バサミ、鼻をかんで丸めたティッシュなど、生活用品で遊ぶのが好きだった。

とりわけ好んだのは、あい用の目薬。ほかの薬と合わせて机の上に並べておくと、目薬だけが忽然と姿を消している。たいていがパイプベッド下の絨毯《じゅうたん》の隅に隠されていたのだけど。今思えば、あれは遊んでいたのじゃなく、わざと隠していたのかもしれないな。あいは、目薬をさされるのが嫌いだったから。

カリ、カリ……コロン。

ノートを閉じると、階下であいがごはんを食べているのがわかる。

今日も、不器用なしあわせの音。

パソコンを立ち上げる。あいと黒猫たちの日常を綴っていたブログには、病気発覚後から、前にも増して温かいコメントが増えた。何より、自分では調べきれないサプリメントや療法の情報をもらえるのがありがたい。

その中のひとつに目が留まる。今夜、22時22分に、ブログを見てくれている人たちで、いっせいにお祈りをしてくれるのだという。

そういえば、いつだったか何かの戦争が始まるかもしれないというとき、ある同じ日の同じ時間に、日本中で家の電気を点滅させようというメールが、不特定多数の人に回ってきたことがあった。結局あのときのそれは「チェーンメール」というもので、「信じてはいけない」という悲しい結末に終わった。だけど私はあのメールだって、始まりはいたずらだったかもしれないけど、そこからつながった切実な思いは、すべて本物だったと思っている。会ったことのない神さまを私は信じることはできないけれど、本気の祈りが集まれば、それは、時折、世界を変える。

コメントでいちばん多いのは、私が日々泣いて暮らしているのではないかという心配の言葉。だけど、不思議なほど涙は出ない。自分でも不安になるくらい、安心している。

ひとつには、今、精神安定剤を飲んでいるからということがあるだろう。

あいと暮らし始め、在宅でウェブデザインの仕事を始めてから、いつ仕事の電話がかかってくるかもしれない状況にぼうっとしていられず、一切の安定剤を飲むことと、心の病気に対する前向きな治療をすることをやめた。おかげで、極度の強迫観念は相変わらずだし、音も人の目も怖く、半分引きこもりのような生活だ。

「でも、それで仕事になってるんだし、生きていけてるんだからいいんじゃない?」

そう言ってくれる夫の言葉を、昔は「そんなんじゃだめなの！　ちゃんとしなきゃ。人として最低限の『普通』にならなきゃ」と突っぱねていたのだけれど、猫エイズと白血病という重い病を患いながらも自然体に生きるあいを見ていたら、「普通」じゃなくてもいいや、と、いつの間にか思えるようになった。

だけど今回、あいの病気がわかり、その日に向けての1秒も欠かせない道を歩き出してからは、「たとえ薬を飲んでも、私が錯乱して、あいに恐怖を与えるよりはいい」と、安定剤を飲み始めた。

ずっと絶っていた錠剤を手のひらに乗せて、罪悪感が込み上げる。私はまた昔のように、薬がなくては生きていけない人間になるのでは、という恐怖が胸を締めつける。

だけど、いい。そのときは、そのときだ。

今は、今という時が、どんな未来よりも大切だ。


昼ごはんにはブリを焼いた。最近、あいのために毎晩夫が魚を買ってくるものだから、私の体の半分は、たぶん、あいが残した魚でできている。

炊飯ジャーを開けると、白い湯気がふわっと顔を包んで、甘いお米のにおいが漂う。

「食欲もないのじゃないか」と、これまたブログを見てくれる人に心配されるけど、すこぶる旺盛《おうせい》。

お皿をじっくり選んで、ブリの白が映えそうな重みのある黒御影の陶器を出した。大根おろしも丁寧にすって添える。「いただきます」と手を合わせると、ガラステーブルの下から、真ん丸のお目目が見上げている。「アニャア」

魚をほぐしてあげると、皮と血合いの部分を残して、ペロリとたいらげた。

……病気だなんて、嘘じゃないかなあ。

2009年12月11日

今日も雨。体が重だるい。

朝、あいはベッドに来てくれておらず、リビングの床暖房の絨毯で、これまたけだるそうに横たわっていた。

元気なあいを見ていると奇跡を信じてしまうけど、こんなふうに力のないあいを見ていると、目をそむけていた現実がぼんやりと輪郭をなしてくる。

「でも、元気だったときから、雨の日はゆったりしていたものね」

と、かろうじて自分を励ます。

夕方、友人夫妻があいに会いに来てくれた。と言っても、人が来ることに慣れていないあいは、玄関が開く音に夫かと勘違いして迎えに行きかけたものの、見知らぬ男女の姿に慌ててきびすを返し、階段を駆け上る。

「すごい速さ。病気じゃないみたい」

友人がほほ笑んだ。彼女のおなかは、ぱっと見て妊婦とわかるほどに膨らんでいて、一歩足を動かすのも大変そうだ。

不妊治療を長年続けた末、これでだめならあきらめよう、と思った矢先に授かった命。もし私なら、生まれるまでは気が気じゃなくて外にも出られないだろうに、出産予定日を1か月後に控えた彼女は、何のためらいもなく、ケーキを片手に訪れてくれた。

あいと暮らし始めて半年がたったころ、母が保健所に連れて行かれるという5匹の乳飲み猫を保護してしまい、そのもらい手になってくれたのが縁だ。初めて会ったときは、〝肝っ玉母さん〟が服を着たような笑顔の彼女に、「きっと、平穏でしあわせな人生を歩んできたんだろうなあ」となんとなく思った。

だから、今から1年前、ふとしたことがきっかけで彼女の過去を聞いたときは、度肝を抜かれた。今でこそ気づかれない程度にはなっているが、彼女には先天性の言語障がいがあり、それが原因だったのか、家庭は不和。その上、大学受験をひかえた年に母親が突然家を出たきり、行方不明になっているという。

その話を聞く少し前、私はとあるテレビ番組で、自分の依存症についての体験を語った。それは、ブログで猫との穏やかな生活を綴っている「セリさん像」からは一転してハードな内容で、そうなった根底の原因に、幼いころの両親からの愛情不足があるという締めくくりになっていたと思う。

それを見た彼女は、ぽつり、ぽつり、自分の過去を話し始めた。そして、お互いの子供のころの痛みをそれぞれに話し終え、まるで正反対に見えるふたりが、不思議なほどそっくりであることを知ったのだ。

「子供を生むことに不安はない？」

この期に及んで、私は聞いてしまう。

「不安だらけだよ」

あっけらかんと彼女は言って、聞こえないほどのため息をついた。

「親に愛された経験なんてないから、どんなふうに愛していいかわかんないし、それに私、童謡も民謡も全く歌えないんだよ?」

「……民謡は必要ないと思うけど」

「生んではみたものの、子供のことを愛せないかもしれない。親と同じことを、子供にしてしまうかもしれない……」

母性という本能が備わっているからきっと大丈夫だよ、とは、私も彼女も間違っても思えない。

「……なのにどうして、子供を作ろうと思えたの?」

「わかんないけど……猫たちを育ててるうちに、自分でも『お母さん』になれると思ったのかもしれないね。それなりに苦労をかけられることに慣れたから、これならいける、って」

冗談めかして彼女が笑った。彼女の家にいる1匹目の猫は、先天性の腎臓障がいを持っている。ペットショップで購入し、気づかないまま大きくなり、去勢手術の際、獣医さんに「あと3年すら難しいかもしれない」と言われた猫は、5年たった今も変わらず元気だ。

「最初のうちは、腎臓をなんとか治したくて、病院に通ってたけど……」

やがて、その行為自体がストレスになるのではと、苦渋の決断で前向きな治療をやめ、障がいとともにに生きることを決意した。あいの不治の病と同じように。病気や障がいも含めて、「その子」なのだ。

「今度会うのは、この子が生まれて、ちょっと大きくなってからだろうね」

彼女がまるで風船のように膨らんだ腹をさすった。

「春くらいかな。そのころ……」

言いかけた私の言葉を彼女は察し、先回りしてほほ笑んだ。

「大丈夫だよ」

それでも私たちの背後には、いつだって、「いつか訪れるその日」がある。

病気でも、障がいでも、健康体でも、明日が来ることは、本当は奇跡なのだ。

２００９年12月12日

横になって寝転がるあいの、脾臓が硬い。レントゲン写真を知っているせいかもしれないけど、どんどん膨らんでいるように思える。

それでも、そんなことは関係ないかのように「今日の魚はまだか」と、子猫のように高い声で甘えるあい。

不思議だね。なんだか出逢ったころからの生活を、巻き戻しているようだ。

病気のあいの看病。うんちのおもらし。ごはんのおねだり。

ひとつだけ違うのは、あいは、私たちを怖がっていないということ。

かつて私と彼と母の交換日記に、いつだったか、書いた言葉がある。


「アタシの人生、捨てたもんじゃなかったみたいヨ」

そう言ってほしいから、１回でも多く、あたまをなでる。

１分でも多く、キミの隣に……。

あのころ、手探りながらたどり着いた決意を、5年近くたって、もう一度なぞり直しているみたいだ。

月ごとにエッセイを書かせていただいているサイトの担当さんにメールを出す際、今後のスケジュールのことも含めて、あいの病状を説明した。なるべく現実をありのままに。そうしたら、今さらのように、キーボードを打つ指が震えた。

お正月、クリスマス、迎えられない確率のほうが高いのだろうか。

わかっている。医学的にはきっとそうだ。

だけど……描けない。

あいのいない未来が、想像できない。

２００９年12月13日

今さらながら、かつてブログにくれたときは大げさとも思えた皆の心配の言葉に、心が追いついてきたのかもしれない。

家中に張り付けた、さまざまな人から送られてきたお守りを前に、手を合わせ、目を閉じ、何かを願おうとするけれど、言葉が出てこない。

あいを、生かしてください――？

だけど、生き永らえさせたその先にある避けようのない未来で、あいを、今ほど穏やかな状態で眠りにつかせることはできるんだろうか。

ベストなのだ、と頭ではわかる。眠るように、こっちの世界からあっちの世界へ、行く。おいしいものを、毎日おなかいっぱい食べながら。

だから、あいが迎えようとしているこの「死」は、きっと、いいものなのだと思う。

だけど、離れたくない。

あの子が、かわいい。

あの子が、いとしい。

あいが好きだ。

好きだ。

真ん丸の目も、ペロンと出た舌も、不器用な食事も、ノラだったくせにちょっと間の抜けたところも、ぜんぶ、ぜんぶ、ぜんぶ、ぜんぶ。

離れたくない。

でも、あいのためには、大好きなあいのためには、このままあの子が選んだのかもしれない「自然」に任せて、眠らせてあげたほうが、いいのかな。

それとも、それこそ人間の勝手な思い込みなのかな。

わからない。

わからない。

わからない。


リビングで熟睡しているあいをそっと置いて、久しぶりに夫とふたりでお風呂に入った。

向かい合うように湯船に浸かり、冷え性の私の足先を、夫が、親が子供にするように湯の中に沈める。

ぼんやりと、私は彼の仕事の話を聞きながら、彼は彼で話しながら、心だけがどこか遠くに置き去りにされている。

湯船の湯が、私の冷たい体でぬるくなってきたころ、私が口を開いた。

「今、どんな気持ち？」

夫は「？」という顔をしたまま、湯気の上る先を見上げた。しばし考え、

「わからん……」

と、溶けるようにつぶやく。私はなんとなく、言葉の続きがあるような気がして待ってみるが、そのまま沈黙が流れた。

「わからんってこと、ないでしょう？」

失望をあらわにして息を吐いた。

たぶん私は、気持ちを言葉にするのがへたくそな自分に代わって、彼に吐き出してもらいたかったのだろう。そうして痛みを確認し合いたかったのだと思う。

私の不機嫌が伝わったのか、彼が疲れたように湯船を出て頭からシャワーを浴び始めた。シャンプーのにおいと、男性特有の皮脂のにおいが混じり合い、自分勝手に気分が滅入る。

瞬間、何もかも投げ出してしまいくなった。疲れのような「何か」がピークに達しているような気がする。

私たちは、あいの病気がわかってから、弱音というものを吐いていなかった。吐く暇なんて、いや、吐ける心の余裕なんてなかった。

あいをしあわせにするために。

1秒だって、気を抜くことは許されないような気がしていた。

私は、自分の心を探すように、ぽつり、ぽつり、言葉を継ぐ。

「私は……『お母さん』じゃない？」

夫の手が止まる。

「で、カジは『お父さん』じゃない？」

シャワーのお湯だけがバシャバシャと足元に跳ね、視界が曇る。

「……で、私たちは、『娘』を……失くすんじゃない？」

「………」

「だから、一緒に、わかち合いたかったの。私もカジもそれぞれが抱え込むんじゃなくて、ふたりで一緒に、あの子のお母さんとお父さんとして、あの子を守りたかったの……」

夫が、声を上げて泣いた。

2009年12月14日

10本のろうそくが灯され、リビングの明かりが消される。

ぽうっと柔らかなクリーム色の炎の向こうでは、あいが不思議そうに私たちを見つめている。

バースデーソングを歌った。

「ハッピーバースデー、ディア……」

あいちゃん、という声が裏返った。

「ハッピバースデー、トゥー、ユー」

最後の「ユー」だけハモれるのは、私たち夫婦の唯一の特技。涙声のまま歌いきり、拍手をした。夫がビデオカメラを構えたまま、言う。

「フゥーって消してもらっていい？　お願いごとしてから」

「願いごとって、心でするもの？　口に出してもいいの？」

どっちでも、と言われて、ロウが落ちないうちにと慌てて目を閉じる。手のひらを胸の前で合わせた。

言葉が出てこない。

いっぱいありすぎて、そして、それは矛盾だらけで――。

例えば「ずっと一緒にいてほしい」と願おうとすれば、次の瞬間「命を永らえて苦しませたくない」と頭に浮かぶ。だから「なるべく楽に……」と思おうものなら、それじゃあ「死ぬこと」を認め、〝神様〟に叶えられてしまうのじゃないかと、怖くなる。

「どうか、どうか、しあわせに……。あいも、みんなも、しあわせになりますように……」

ほほ笑もうとしたけれど、こぼれたのは涙だった。

思いきり長く、息を吸う。

ふう〜っ。ろうそくに吹きかけるけれど、緊張していたのだろう、すぐに息が足りなくなった。まだ2本残っている。私はしぼり出すように「ふうっ」「ふうっ」ともう出ない息を吹き付け、あえなく一度息継ぎをしてからすべてを消しきった。

あいを驚かせないよう、小さな音で拍手が響く。だけど私は不安になる。

「私、1回で消せなかったから、願いごと、叶わないのかな？　どうしよう、ごめんなさい……」

夫が、失敗に気づいたように、目を赤くして私を抱きしめた。

「大丈夫だよ。大丈夫だから。ごめんな。変な役させて、ごめんな……」

私は、強迫性障害という心の障がいを持っている。冷静に考えれば「ばかばかしい」と思えるような些細《ささい》なジンクスやルールにとらわれ、それを守れないと、世界の終わりが来るようなパニックになる。

あいと出会う半年ほど前からどんどん悪化していった症状に、私は自分で自分を責め、彼は戸惑い、いくつもの精神科を回るたび、心も体も傷つき、疲れきっていった。

そんな私たちを救ったのも、あいだ。

あいは、重い病気を患っても、落ち込まない。

うんちをもらしても、恥じない。

高いところへのジャンプができなくなっても、走ろうとしてけつまずいても、他人や昔の自分と比べて、今の自分を卑下しない。

どんな自分も、今ある自分が、それ以上でも以下でもなく「自分」。


ろうそくを抜いて、生クリームを指ですくう。以前、母が持ってきてくれたケーキのホールサイズ。今日は、あいと出会って、ちょうど5年目の記念日だ。

ペロリ。指先に付いた生クリームを、あいは舌ですくい取り、ペチャッ。勢いづいて鼻先にくっ付けた。あいは驚いて、ぷるる、と首を振る。だけど鼻からクリームは取れない。

やがて気にならなくなったのか、もう一度、ペロリ。ペチャッ。ペロリ。ペチャッ。クリームをなめるたびに顔には白い斑点が増えるけれど、それでもあいはしあわせそうに、甘いクリームを胃に運ぶ。

そのとき、ふいにチャイムが鳴った。

なんだろう、とふたりで首をひねりながら扉を開けると、ブログを読んでくれている方から、まるでサンタクロースが運搬の途中で落っことしてしまったような、大きな大きなプレゼントが届いた。

予想もしていなかったことに、私も夫も思わず興奮し、「何これ、何これ!」と久しぶりにテンションが上がる。

封を開けると、包んであったビニール袋に、すぐさまビーがズダダダッと飛び込んだ。下の2匹も、包装されたおもちゃを夢中になって取り合っている。あいは、その様子をソファの上からぼんやりと見つめていた……かと思うと、
スタッ。元気良く立ち上がった。

ビーが入ったビニール袋へ一直線に向かい、どしん。ビーの邪魔をするように、その上に飛び乗った。

このところ、食べること以外ではあまり動くことのなかったあいが、目を輝かせて、ビニール袋とたわむれている。

「いつもどおり」を必死で演じ続けていた私たちのもとに訪れた「いつもどおりでない出来事」が、あいに「たのしいきもち」を思い出させてくれた。

２００９年12月15日

朝、目が覚めると、晴れているのにベッドの足元にあいがいなかった。不安になって探しに行く。リビングの隅にいたので、抱っこして寝室まで運んで、お日さまの当たるいつものベッドに寝かせた。ぞろぞろと集まってくるほかの猫たち。うっとうしいのが嫌なのかな。落ち着かない感じだったけど、少しずつ寝息を立ててくれた。ようやく私も柔らかな眠りの中に落ちていく。

数分後、目が覚めると、やはりあいはいなかった。

１階のリビングにある、かまくら型のベッドの中で丸まっている。祖母のアパートにいたころ使っていたそれは、昨夜夫が設置してくれたものだ。

ひとりになりたいのだろうか。それとも「この中に入れば温かくて気持ち良かった」という記憶に、すがっているのかな。だけど、かつてかまくらベッドの中にあった電気あんかは今はなく、おそらくその中にぬくもりはあまりないだろう。何か温かくできる機械を買ってこよう。

今日は、昨日のごきげんが嘘だったように元気がない。食欲もなく、まるで病気がわかってすぐのころに戻ってしまったようだ。

それならと、消化器系の病気の子も食べやすい缶詰を開けてみる。見向きもしない。いつもあいが奪うビーの缶詰をあげてみても、タイの刺身を焼いても、昨日の残りの生クリームを見せても、においを嗅ぐだけ嗅いで、そっぽを向く。

今にも心を飲み込もうとする不安を、慌てて振り払う。

大丈夫。心配しすぎない。

そっと、そっと、あいがしたいようにさせてあげよう。


うたた寝をしていたらしい。

目を開くと鼻の前に、あいの大きな顔が、ドンとあった。

私が寝ぼけてベッドに連れてきたんだろうか。それとも、あいが自分から来てくれたの？

ズズー……ズズー……。いつもより寝息が大きい気がする。

息苦しいのだろうか。どうしてあげればいいんだろう。

なるべく負担にならないように、手のひらに空気を含ませるように軽く、横たわるあいの頬をなでた。

そうっと、そうっと……。

少しずつ、あいの寝息が穏やかになっていく。

気づいたら、眠っていたのは私のほうだった。

出会いから「5年と1日目」の朝だ。

あいと出会った当初は、いろいろな動物病院に相談をしても、愛護団体に助けを求めても、一様に眉をしかめられた。

「おそらく長生きもできないだろうし、いずれ苦しむなら、今のうちに……」

そう安楽死を勧められたことも少なくない。

そんななか、開院したての動物病院の女性の獣医さんだけが、戸惑いながらも、あいの未来を信じてくれた。もしも彼女と出会っていなければ、私がネガティブな情報ばかりを信じてしまっていたなら、今のあいはいなかったかもしれない。

それから半年がたち、1年がたち……。猫エイズと猫白血病を抱えたあいは、普通の猫となんら変わらない生活を送るようになった。

目覚め、ごはんを食べ、遊び、日なたぼっこをし、また眠る——。

もう飢えに苦しむことも、アスファルトに落ちたガラス破片で足を傷つけられることもない。未来永劫《えいごう》、ただ安心して生きるのだ。

そんなあいの日々が初めて本になったのは、出会いから1年ほどたったときのことだ。その半年前、いずれ新しい家族のもとへ旅立つあいとの思い出を作ろうと、軽い気持ちで応募したコンテストで出版化が決まった。

担当の女性編集者さんは、あいの生きる力や、私との心のふれ合いに感動の言葉を述べながらも、私が写った写真を本に使うことを嫌がった。

「有名人というわけでもないただの人の顔なんて、誰も見たくないでしょうから」

少なからず、落ち込んだ。

しかし、その後ブログを始めて、二度目の出版の話をいただいたとき、担当の男性編集者さんは言った。「猫と人が、ペットと飼い主ではなく、『ともに生きていく』からいいんです。セリさんも含めて、共生の物語なんです」

表紙にどーんと使われた自分の顔写真には思わず赤面したけれど、それが縁で、やがて自分の生きづらさを綴る場までもらうことができた。すると、私と同じように心に傷を抱え、当たり前のことが当たり前にできない自分を責め、苦しんでいる人たちと、想像以上にたくさん出会うことができた。

心の病気を抱える「セリ」と、体の病気を抱える「あい」。

そんなふうに誰もが「欠けている自分」を抱えながら、だけど、みんな、ただ生きているだけで、どこかの誰かを救っているのだ。


じゃあ、「死」んでしまったら――?


「生きて」

「がんばって」

そう言われるたびに、不安になる。

どうして、「生き終わり」というと、それを「悲しい」ことだと、そこから逃れようとするのだろう。

命は、必ず、生まれて、死ぬ。

お金持ちも、偉い人も、犯罪者も、動物も、植物も、平等に。

死にゆく命を、真っすぐに受け止めてこそ、最終章をかけがえのない時間として彩ってこそ、その命の一生を「しあわせ」なものにできるのではないのだろうか。

もちろん大切な我が子がいなくなることは、自分の体の一部がもぎ取られるくらい苦しい。

痛い。悲しい。

だけど、だからって、生き終わる命から目をそむけたくない。


生き終わってこそ、命。

2009年12月16日

あいが、洗濯物をベッドでたたんでいる私を、じーっと見ている。

昔なら、うきうきした顔をして、洗い立てのタオルにズザーッと飛び込んできたことだろう。今、表現はゆるやかになったけれど、あいはきっと洗濯物がふわっと舞うのを見るのが好きなのだ。

そういえば、ビーは私が料理をするのが好きだ。

自分が食べられるものであろうとなかろうと、カウンターの上を右へ左へ興味深そうに動き、私の手元をじーっと見下ろす。

猫にとっては不可思議なものかもしれない人間の生活をともに生きるなかで、何か温かなものを感じてくれているのなら、いいな。


感染症を避けるためには換気が必要だと聞き、窓を開ける。

最近、寒さにばかり気を取られて、閉めきったまま暖房をつけ続けていたので、さぞかし空気もよどんでいたことだろう。

冬のにおいのする冷たい風がカーテンをゆすった。私は思わず縮こまるが、あいは、すがすがしそうに目を細め、ベッドにできた小さな日だまりの中で細い毛をなびかせた。

窓から見える、特徴のないコンクリートのベランダ。わずかに望める水色の空に薄い雲が流れていく。どこかの野から飛んできた綿毛が網戸にくっ付いた。あいはそれを見るでもなく、静かにまなざしを泳がせる。

命はみんな、食物だけを食べて、生きているわけじゃない。

陽も、風も、香りも、色も――世界中のすべてが、私たちの栄養なんだ。

2009年12月17日

少しずつ、心がまとまってきたような気がする。

今まで、あいを「生かすのか」、極端な言い方だけど「死を迎えさせるのか」、この2つのあいだで揺れ動いていた。

「生かす」。もちろん生きてほしいけれど、西洋医学の観点から見れば、あいの病状は絶望的。それでも命を永らえさせるためには、あいに大きな苦労をかけなければいけない。

手術や抗がん剤治療という体の負担。

だけど、私はそれ以上に、とにかくあいに、もう二度と怖い思いをさせたくなかった。

小さなころ、人間に恐怖を味わわされたあいが、ようやく今、私たちを信じ、「安心」を手に入れている。

「体のためなんだよ」といくら言われても、あいには不可解だろう。

下手をすれば、また昔の虐待の記憶すら呼び戻してしまうかもしれない。

5年かけて、ようやく世界に安心できたのに――……。

「死を迎えさせる」。この選択は、思い描いた瞬間、私の思考を停止させる。

例えば、次の春が来たとき、咲いたベランダのハナミズキを眺める猫たちの中に、あいは、いない。

そんなこと、耐えられるのだろうか。

体の半分をもぎ取られるようだ。

あの子のいない世界なんて、世界ではない。

あの子のいない毎日を、私は想像できない。したくない。

それに、ブログで応援してくれる人たちも、あいが生きることを望んでいるのが、痛いほどわかる。

だけど、「生きてほしい」と「しあわせでいてほしい」は、くやしいけど違う。

もちろん、私の心は「生きてほしい」し、あいの本能だって、そりゃあ「生きたい」だろう。だけど、「しあわせでいてもらうため」に、あいに怖い思いをさせたくない。そんなこよりのようにもろい指針で、あいを失う恐怖に勝つことができるだろうか。

今日、獣医さんが来てくれた。気がつけば、手術の可能性すら頭に浮かべている自分がいる。

自然に任せたい。

頭ではわかるのに――揺らぐ。


あいが、うんちをした！

小指の先2つ分ほどの、軟らかめだけど下痢じゃないうんち。獣医さんが打ってくれた点滴やビタミンが効いたのだろうか。思わず、病院のある方角に手を合わせたくなる。

その上ごはんも、ほんのちょっぴりだけど、昨日よりちょっとだけ多く食べた。

ペチ、ペチ、あいはごはんを舌ですくいながら、横目でビーの食べる姿をちらりと確認する。ビーは、カッフカッフと勢いよくごはんを胃に運ぶ。あいは安心して、またペチペチと食事を続ける。

あいにとって、ビーって、なんなんだろう？

9か月ほど前にビーのがんがわかったとき、ほかの猫たちが苦しそうなビーを遠巻きにするなか、あいだけは、何もかもをわかっているように寄り添った。今はビーが、あいに寄り添う。

血のつながりも何もないのに。いや、そもそも、このひとつ屋根の下に暮らす家族は、誰ひとり、血なんてつながっていない、他人なのだ。

だけど、こんなにもかけがえのない存在。


お気に入りのジャズのCDをかけながら、洗い立ての洗濯物を吹き抜けにかけた竿竹に干していく。家を選ぶ段階では、リビングの天井が全面吹き抜けという、とてつもなく実用的でないこの作りを夫に猛反対された。けれど、こうして洗濯物を干すことで、暖房をつけすぎて乾燥した部屋の保湿ができるのだから、人生ってやつはわからない。

眼下には、香箱座りをするあいのまあるい背中。2週間ほど前、背中にできたおできをつぶしたので、毛をそられてぽつんと白くなったあいの背中はすぐにわかる。

周りには、点々とほかの猫たちも散らばって、思い思いにくつろいでいる。

CDから聞こえるしわがれた、だけどやさしい女性歌手の声とピアノの音が、小雨のように染み渡って、なぜだろう、胸がきゅう、といっぱいになった。

しあわせだなあ。

私、今、しあわせだなあ。


夜。オレンジ色の明かりの下、今日も体をくの字に曲げてソファで眠る夫。その顔の横で、本当に久しぶりに体を真横にして眠るあいの姿があった。

両手両足を思いきり伸ばして、毛をそられたおなかのお肉が、たるんと無防備にゆるんでいる。

石油ヒーターの前の特等席。少し前のように床暖房におなかを押し付けて、伏せるように痛みをがまんすることはない。やっぱりうんちが出たことが良かったんだろうか。

こんなとき、あいは私たちと出会う前、確かにノラ猫だったんだと痛感する。

例えば、体調が悪いときは食べるよりもじっと眠る。おかしなにおいのフード（薬入りなど）は、一度出してしまうと、2回目からは絶対に食べない。水を飲めない季節が来ても困らないように、最小限の水しか飲まない。不調な体を守るようにじっと耐え、回復するのを、ただ待つ。

心の傷は、年月をかけて少しずつ癒えていったけれど、体に染み付いた習慣はなかなか抜けることがないのだろう。

少しして、そろそろ眠る私が暖房をヒーターからエアコンに変えると、あいは、またいちばん暖かい場所にのそのそと移動し、おなかを上にして寝転がった。

ようやく、おなかの痛みが取れて、楽になれたんだね。

これだけでいい。このしあわせがあれば、ほかに何もいらない。

寝返りを打った。2階から見下ろしているのに、あの子の柔らかな寝息が聞こえるようだ。

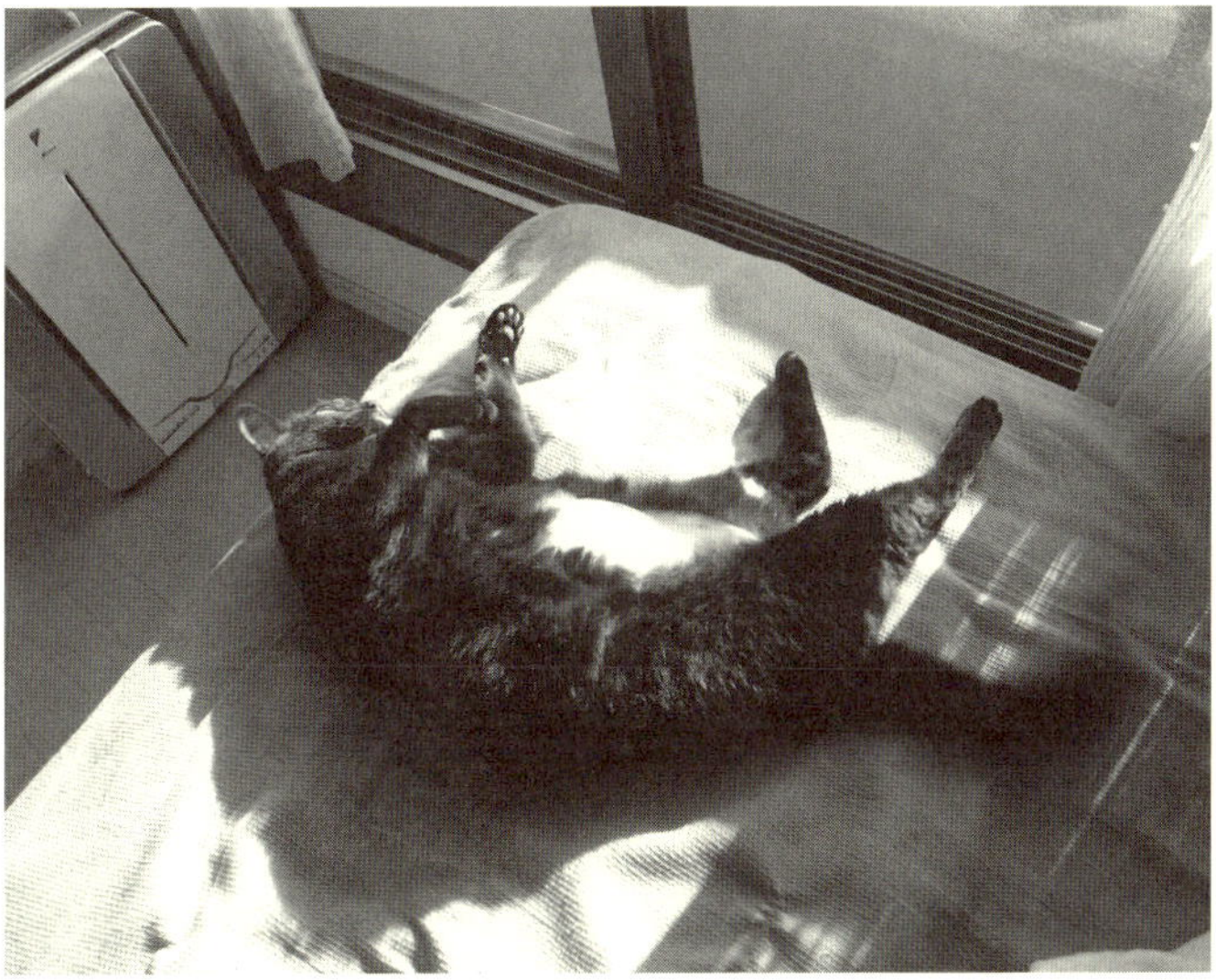

2009年12月18日

涙が、まぶたの手前でぐっと止まっている。

今にもあふれ出しそうなこの感情は、喜び……なのだろうか。たぶん、そうだ。

これから、ますますややこしくなるかもしれないけれど、曲がりくねった道の向こうに、細い光が見える。

見ても、いいかなあ。たどり着きたいよ。あの場所に行ってみたいよ。


ついさっき、獣医さんから電話が入った。

以前、大きな検査機関に出していた、あいのリンパ腫の種類の詳細結果についてだった。

リンパ腫は大きく分けて2つ。「T細胞型」と「B細胞型」がある。抗がん剤治療で効果を出しやすい「B」であれば、手術をし、抗がん剤治療に踏み切るという方法もあるのだけど、おそらく効きにくい「T」であろう「消化器型リンパ腫」だったあいは、手術はしない予定だった。

それでも手術という可能性を捨てきれずにいた私たちは、この結果を、ひとつの道しるべにするつもりでいた。結果は——。

「B」でも、「T」でもなかった。

腰が抜けそうになる。

ナチュラルキラー細胞（つねに体内をパトロールし、がん細胞やウイルス感染細胞を見つけると、単独で直接殺す）が異常増殖してリンパ腫になったという可能性もあるが、それ以上に、リンパ腫ではない、という可能性だってある。

混乱する頭をなんとか落ち着けようと、コーヒーを入れ、すると、マグカップを持つ手が震えていることに気づいた。

だけど、どこかで「ああ、やっぱり、そうか」という気持ちもある。

とにもかくにも、まだ材料が足りなすぎる。獣医さんの薦める病院で再度検査をしてみるべきか、考えよう。いや、してみたい。

あいが、また、奇跡を起こしてくれた。

2009年12月19日

信じるしかない。

信じられる気がする。

だって、すべてが、うまくいっているもの。

また今までのように「勘違いだったのかな?」と笑って、「あいは本当にすごいねえ」と感動して――。

恐れない。

「無理やり生かす」ためではなく、「あいに負担なく、自然な状態でしあわせにする」ために。


朝、と言っても昼前に起きて、自転車でコンビニまでの道を走った。

寒いだろうと予想していた外の風は、玄関のドアを開けた途端に容赦なく打ちつけてきて、私の長い髪を吹き飛ばすように通り過ぎた。

ペダルをこぐ。

母から奪った自転車にも、ずいぶん慣れた。以前は一足、一足、重さに耐えてふんばる状態だったが、今は羽が生えたように軽やかにこげる。

緊張した心をほどきたくて、私は周りに人がいないことを確認しながら歌を口ずさんだ。大きな声で歌ったほうが解き放たれるような気がして、必死でのどを開けてみる。

コンビニでシチューとリンゴヨーグルトとゼリーを買い、帰り道、橋の上で自転車を止めた。足を肩幅に広げて立ち、大きく口をあけて「あ――」と声を出す。乾燥した空気がのどに痛い。かつて演劇にハマっていた時代を思い出し、おへその下あたりに力を入れる。体の中に1本の太いパイプが通るように。悪いものをきれいなものに入れ替えるように。

「あ――」

まだ照れがあったのかな。昔ほどなめらかではないけれど、さっきよりもすがすがしい。流れ込んできた酸素を、ごくんと、勇気を飲み込むように、腑に落とした。

家に帰り、リビングの扉を開けた途端、カップ焼きそばのにおいが充満していて気持ちが萎《な》える。夫も緊張しているのだろう。それとも、私の緊張が彼を追い詰めているのだろうか。朝から今ひとつ空気が噛み合わない。

仕方なく私は寝室まで行き、ベランダの窓を開けた。

寒い。だけど空が青くて、あったかいシチューと紅茶が胃に染みる。あいが、いつも見ている空。この家と、あいが生まれた場所と、これから行く病院と、そして、地球の裏側まで続く空。

シチューがポットパイだったせいだろうか、ふいに思い出した。

実家のクリスマスのディナーには、いつもパイ包みのクリームシチューがあった。大人になって自分でも作ってみて気がつく。シチューを冷まさないままパイを焼くのは、本当に難しい。こつがあったのだろうか。それとも冷めていても、幼い私にはおいしかったのかなあ。作るのは面倒だったろうに、私が好きだからと、毎年、毎年、母はそれを作ってくれた。

クリスマスの日は、いつもは仕事で帰りが遅い父も、柔和な表情で早々に帰宅していたような気がする。自分の生家は何もしてくれない家だったからと、母の作った色とりどりのディナーをうれしそうに食べていた。そのときばかりは、神経質でいつ怒るかわからない父も笑顔が絶えず、私も安心して甘辛いチキンにかぶりついた。

なぜだろう。ふいに記憶が流れ込んでくる。

今日、あいを連れて行く病院が、私が生まれた市にあるからなのかもしれない。

あのころ、私にとって父は得体の知れない恐怖の対象で、父に怒られるたび泣いて謝るばかりの母は頼りなく、私はいつも、ピリピリした空気の中でひとりおびえていた。けれど、今ならわかる。

父も、母も、必死で、精一杯だったのだ。

ふたりとも、私とあいが出会った歳と同じくらいの若さで。けっして器用なわけではない父は、家族を養うために休みなく働き、母は病気がちな私が高熱を出すたび、帰らない父を頼ることもできず、どれだけ不安だったことだろう。

「命を守る」ということの重さを、私を守ってくれた父母の苦労を、抱えた猫用キャリーから伝わるぬくもりを通して、今さらながら噛みしめる。

懐かしい街には、高速を使って30分ほどでたどり着いた。しかし、私の記憶がぼんやりしているからか、それとも時の流れのせいだろうか、見覚えのある建物は全くと言っていいほどなく、それでもなんだか私は得意げに「おねえちゃんはね、ここで生まれたんだよ」と、キャリーの中のあいに語りかけた。あいは、かつては病院に行くたびに過呼吸を起こすほど車が苦手だったのに、今はおとなしくキャリーの中で、私の顔や流れる景色をゆるりと目で追っている。

「大丈夫だよ」

言いながら、私のほうが緊張しているのがわかる。あいに悟られまいと明るい歌を口ずさむけれど、何を歌っていても涙があふれそうになる。

途中、何度も雪がちらついた。

そういえば、あいと出会った年も雪の当たり年で、大みそかには世界が真っ白に染まるほどの吹雪になったっけ。

あいが生まれたのは、たぶん、大阪・心斎橋のアメリカ村。

ファッションと音楽と落書きと酒とドラッグ――誰もが刹那《せつな》の快楽をむさぼる街で、あいは、ひっそりと重い病気に感染していた。

私は、偶然あいを拾って看病をして、やがて一緒に暮らすことを決めたけど――。

今、思う。

私は、あいを拾ったけれど、私の命も、あいに拾われた。

生きることが死ぬほど苦しくて、精神薬漬け、幻覚と幻聴と希死念慮に飲み込まれそうだった私は、あいを生かすことで、自分も一緒に生きたいと、初めて思えた。


その病院には、いつもの女性の獣医さんも同行してくれた。

かつてさまざまな動物病院で心ない対応をされたことがあった私は、かかりつけの獣医さん以外、ずっと誰も信じることができずにいた。けれど、この日訪れたそこは本当に良い病院で、待ち時間こそ長かったけれど、初対面の獣医さんは、まるで自分の家の猫を診るように、大切にあいを診察してくれた。

だけど――。

あいの病状は、残念ながら、けっして手放しで喜べるものではなかった。

いや、むしろ「絶望的」と言ってもいいのかもしれない。

それでも、たったひとつだけ、叶った願いがある。

「あいに、負担なく」ということ。

レントゲンと超音波と血液採取でじっくりと細部まで検査をし、かかりつけの獣医さんと初めての獣医さんが心ゆくまでディスカッションをするそばで、私も質問や提案をさせてもらい、最終的に出た結

論は、

「手術は、しないほうがいい」。

そして、

「抗がん剤治療をしても、延命できて3か月。猫のためを思えば、しないほうがいい」

ということだった
病名は、やはり、リンパ腫のステージV。

奇跡は起こらなかった。

ほとんどのリンパ節に腫れが見られ、体中、血液にまでもがんが転移している。しかし、当初は「消化器型」であろうと思われていたが、肝臓や胃腸はきれいだった。それでは「胸腺型」かと言えば、胸部にも腫瘍はない。ただ全身のリンパ節だけが腫瘍化しているという、ごく珍しいケースであることが判明した。

その上、恐れていた「猫エイズ」や「猫白血病」が発症している可能性も、きわめて少ないという。

不思議としか言いようのないあいの体は、おかげで——というのもおかしいが、おそらく痛みや呼吸困難を感じることはなく、貧血だけが進んでいき、ゆっくりと眠るように「その時」を迎えるであろう、との診断だった。

暖かい場所で……。

慣れ親しんだ音とにおいの中……。

家族と、一緒に……。

それって、百万とある「生き終わり方」の選択肢の中で、とても幸福なものなんじゃないかな。

生きている限り、みんな、いつか、必ず命に終わりを迎える。

逆に言えば私たちは、生まれた瞬間から「生き終わり」に向けて、一歩、一歩、進んでいるのだ。


帰り際、初めて会った獣医さんに、思わずこう口にした。

「最後に……この子に、何か言ってあげてくれませんか？」

自分でも「イタい子だと思われてるだろうなあ」とは思いつつ、私を救う言葉を残してくれた獣医さんに、なぜか、あいのためにもチカラを分けてほしかった。

そんなことを言われたのは初めてだったのだろう。獣医さんはやや戸惑い気味に、あいの入ったキャリーを受け取ると、「それじゃあ……もう一度、さわらせてもらってもいいですか？」と、入口のジッパーを下ろした。

両手のひらを、わずかに空気を含ませるような形にすると、あいのお尻からおなか、胸を、柔らかく包み込むようにしてなでてゆく。

「僕に、そういう力があればいいんですけどね……」

ひとりごちるように、獣医さんがささやいた。

「でも、昔、空手とかやってたので」と言いながら、自分でもよくわからなくなったのだろう、照れくさそうに頬をゆるめた後、神妙に眉を寄せ「気とかそういうので、僕がこうして治してあげられたら、いいんですけどね……」。

私は、かぶりを振ったまま、あふれる涙をぬぐえなかった。

2009年12月20日

あいが全く水も食べものも口にしないまま、一日が終わった。

うんちが出ないのが原因かと思い、なるべく避けたかった下剤も飲ませたが、うんちが出る気配もなければ、今までのように、ごはん皿が置いてある場所に行くそぶりすら見せなかった。

焼いたブリや好きなお店の生クリームを顔の近くまで寄せても、なぜそれを目の前に出されているのかわからないというふうだ。

今日は今までいちばん、薬をうまく飲ませることができた。それとも、抵抗する力もないということだろうか。

昨日、病院から帰ってすぐは、ビーにつられて少なからず缶詰を食べていたのに。

「自然体に」

「あいが望むように」

そう頭ではわかっているけれど、「食べられない」ことに、焦ってしまう。

だって、あいは、食べることがいちばん好きなはずなのに。

終わりを迎えるその日まで、食べたこともないごちそうを、世界中のおいしいものを、毎日食べて過ごすつもりだったのに。

顔をそむけられるのをわかっていても、それでも、クリームの付いた指を差し出してしまう。あいは落ち着かず、どこかへ移動し、うんざりしたように息を吐く。

人間だって、食べたくないときはある。風邪で寝込んでいるのに、無理やり口を開けられて、「ほら、食べて！　栄養になるから！」と押し込まれたら、どれほど苦痛だろう。

だから、あいのしたいことが「食べないこと」なんだ、と、私は理解しなければならない。

「食べられないなんてかわいそう」

「うんちが出ないなんてかわいそう」

「水すら飲まないなんてどうなっちゃうの」

胸が張り裂けそうだけど、それらがすべて「あいが望んでいること」なら、受け入れよう。あいが本当にしたいこと、してほしいことだけ、手助けしよう。

「だって、私さ、14日ですら危ないかもって思ってたんだよ。今日って、もう何日だっけ？」

味なんてしない夕食をお茶で流し込みながら、食べる気配のないあいを横目に夫に聞いた。「12月20日。がんばって、くれたもんなあ」

14日の記念日、生クリームを顔中に付けてほおばって以来、あいの食欲はゆるやかに落ちていた。

「あいにしたら、きっとすごいサービスだったんだよなあ、14日も」

夫がやさしくあいをなでる。ほほ笑もうとして、涙がこぼれた。

それでも、思ってしまう。

クリスマスに予約した大きなケーキを一緒に食べたい。お正月にもケーキを買おう、去年のように。その次は私の誕生日。夫の誕生日。2月を過ぎれば結婚記念日で、4月になれば……桜が見られるよ。がんで余命1か月と言われたビーの誕生日だよ。


パソコンの調子が悪かったこともあって、あいをリビングに残したまま、夫とふたり、仕事部屋で作業をしていた。気がつけば、1匹、2匹、と猫が増えてきて、だけど、そこにあいの姿はない。

「連れてくる？」「でもしんどいかもしれないよ」「とりあえず、せめて少し下りようか」。そう決めて、リビングに行くと、おかしい。あいがいない。

とっさにある思いが頭をよぎる。

猫は、死ぬときに姿を隠すという。あれだけ信頼してくれているように見えたあいですら、やっぱりひとりがいいのか。いや、私がいろいろ食べさせようとしたばかりに、また人間を信じられなくなってしまったのか――……。

情けないほど取り乱してソファの裏まで探して、涙目で仕事部屋に戻ると、こたつの中に、いつの間にか、あいがいた。

気づかないうちに2階に上って入ったのだろう。

あいも、寂しかったんだね。

私たちと一緒にいたいと、思ってくれてるんだね。

いつもはリビングで、夫と一緒に眠るあい。

今日のあいはなぜか、仕事部屋に上ってきて、深夜までパソコンをたたいている私の後ろで、こたつ布団の上に横たわっている。暑すぎるのだろうか。ほかの猫も、こたつの中にはいない。

起こさないように、そっとあいのおなかに顔をうずめ、すう……と、柔らかな毛のにおいを吸い込んでみた。けもの臭さのかけらもなく、ほとんど無臭。だけど、言葉にできないけれど、やっぱりあいのにおい。

このにおいを、ずっと記憶に残しておければいいのに。若草のような、お日さまのような、泣きたいほど悔しいことがあっても、究極のアロマのように私を癒す、このにおいを。

2009年12月21日

もう水も飲まない。

ごはんを食べたいという意思すら感じない。

だけど、どうしてだろう。

寝室のベッドの上、少しだけ開け放した窓から流れ込む風に吹かれるあいは、穏やかに、すがすがしそうにすら見える。

シリンジで、免疫力アップのサプリメントと水分をほんの少し、口を湿らせる程度にあげた。舌は貧血で真っ白だ。あげようと思えば、友人にもらった栄養補助食品を水に溶いて、強制給餌《きゅうじ》（という言葉が気分を落ち込ませる）をすることもできるだろう。たくさんは無理でも、気休め程度なら、今のあいは流し込めば受け入れてくれる。

だけど、それで、いいのかな。

こんなに動きが鈍くなってしまう前、あいはうれしそうに、自分のドライフードをカフカフと食べに行っていた。缶詰をもらうビーのすぐ近くで、残りものが出るのをわくわくしながら見つめていた。

思い出せるパーティーは、やっぱり14日。お刺身を食べ、生クリームを顔中に飛ばしてなめ、楽しそうだった。食べることは、楽しそうだった。

そのあいに、動きを制限された状態で、舌を満たすわけでもない、栄養を摂取するためだけのドロドロとした何かを流し込まれるという——そんな記憶を残していいのかな。

点滴も同じだ。最初は、食欲不振も脱水のせいで、点滴さえすれば、またましになるだろうと思っていたけど、ここまで食べないのであれば、脱水だけが理由でないことはさすがにわかる。

重度の貧血。そんななか、家族ではない人間が来て針を刺されて、その上、貧血を進ませる可能性まであるという点滴をする必要があるのか……わからない。

私は、なんだかんだ言いながら、あいが最期の時を迎えるまで、もっとあがくような気がしていた。ともすれば強制給餌すらいとわないような、自分をそういう性格だと思っていた。

なのに、この落ち着いた気持ちはなんなのだろう。

だって、あいが気持ち良さそうに窓際で外を見ている。

私はその後ろで、いつもと変わらないしぐさで、洗濯物をたたむ。末っ子のヒナは、取り込んだばかりの洗濯物に突進する。

ほかに、何がいるだろう。

それでも、一日に数か所へ電話をかける。漢方、〇〇療法、サプリメント——惰性のように奇跡を探す。

サン＝テグジュペリの『星の王子様』の一文で、「大切なものは目に見えないんだよ」という言葉があるけれど、私は、目に見えるものだけを、もっと信じなければならない。そこにない、想像上の苦痛に飲み込まれないよう、「今のままで、十分しあわせ」、そう思える勇気を持つ。

そんなふうに、私が「いつもどおり」を演じなければと気負う反面、猫たちはいつだって自然体だ。ビーは、日なたぼっこをするあいに、いつものように近づいて、今日も自分本位にあいのおでこをべッシベッシとなめる。けっして上手とは言えない毛づくろいに、あいはそれでも気持ちよさそうに目を閉じる。

初めてあいと出会い、あいの猫エイズと白血病感染を知ったとき、私は「この子は、絶対に1匹飼いのできるお家じゃないといけない」と、固く心に誓っていた。

だけど、もらい手が見つからず、我が家でノンキャリアの猫たちと暮らすことになり、最初のうちは、四六時中が不安と隣り合わせだった。感染しないよう、一日中目を光らせて、過剰なまでにごはん皿や水を変え、それでもほかの猫たちの血液検査のたびに、心臓が止まりそうなほど怖かった。

だけど今、私には見せない表情でビーに心を許すあいの姿を見ていると、ほかの猫たちと一緒に暮らさせることができて良かったと、胸に詰まっていた重たい石がほろりと溶ける。


夜、ビーがごはんを残したので、あいがつられて食べるかな、と懲りもせず目の前に差し出すが、ほんの一瞬だけ視界にとらえて、困ったように目をそらした。

床暖房が暑くなりすぎたのだろうか、冷たい板の間に、けだるそうに横たわる。

「食べる？　おいしいよ？」と近づけても、首だけ横を向く。私もさすがにあきらめて皿をどけようとすると、無理をしいられると思ったのだろうか、重い体を必死で起こして場所を移動しようとした。

もう、がんばらなくてもいいんだよね。

あの過酷な繁華街に生まれ落ちてから数年、ずっとずっと、食べものを食べるために、死にもの狂いで生きてきたのだものね。

「食べる」という呪縛から逃れて、ゆっくり、自然に身を任せればいい。

やがて「息をする」という呪縛からも、逃れられる瞬間まで。

ひとつひとつ、あいの日常は「いらないもの」から解き放たれて、本当に大切なものだけが、その柔らかな毛玉に残されるのかな。


仕事が終わったと夫から電話があった。今日の話を伝えると、電話口から慟哭《どうこく》が聞こえる。私は、彼が泣き止むまでのあいだ、言葉を見つけられずにただ聞き続けていた。やがて鼻をすすり「ごめん」とつぶやく夫に、「でもね」と言った。

「……あいは、かわいそうじゃないよ」

笑ったつもりが涙声になった。夫が、涙とともにうなずく。

「一生ってさ、真っすぐな道なんじゃなくて、こう、まあるい円みたいになっていて、だから、年を取るとまた赤ん坊に戻るのかもしれない。私たちは、あいが生まれたころのことを知らないのに、赤ちゃんのあいに一緒にたどり着けるんだよ。それって、すごくない？」

「うん……うん……」と、同意しながらすすり泣く夫が、突然、ダムが決壊したように言葉を吐き出した。

「でも、あいがいなくなるのが、嫌だ……」

私は、昼のあいだ中、ずっとあいと一緒にいて、1秒ごとに気持ちが行ったり来たりできる。そして、迷う私を時に救い、時に泣かせるあいが、いつも目の前にいる。

だけど夫は違う。会社という公の場所で、いつも涙をこらえ、何事もないふりをしていなければならないのだ。

「あいは、今、いるよ」。電話口の夫に言った。

「早く帰ってきてあげて」


「自然のままにいさせてあげよう」と決意したとは言え、このまま放っておくことが本当にあいを楽にしているのかと無性に不安になって、昼間獣医さんにまとまりのない電話をしたら、その夜、すぐに駆けつけてくれた。

点滴をし、ビタミン剤も打ち、口や目の色も見てもらう。

「これで、あいちゃんが楽になれるか、絶対の保障はないんですけどね……」

そう言って申し訳なさそうに頭を下げた先生は、それでも車に乗り込むとき、

「それでは、また!」と、手を振ってくれた。

「また」があると、信じてくれているんだね。


夜の田舎道を、獣医さんの車が遠ざかる。

遅めの夕食を食べる前に、刺身をグリルで焼き、ほぐしたものをあいの目の前に置いて、食卓についた。

どうせ、今日も食べられないことはわかってる。だけど、もしかしたら……。

気休めの期待を胸に、いただきます、と手を合わせると――。

「………」

夫が、言葉にならない声を上げ、目をむいてあいを指さしている。

けげんに思って示す方向を見やると、診察をしてもらうまでは食べものを見せても、まるで木片でも置かれたように顔をそむけていたあいが、重い体を持ち上げて、必死でにおいを嗅ごうとしている。

慌てて魚の身を指先でほぐして、食べやすいようにピラミッド状にした。


……はぐ。


ひとかけらの焼き魚を、たしかに口の中に運んだ！

私たちの食事が終わるまで、優に1時間ほどかけて、あいは、たった3口の、だけどこの3日で初めての、食べものを食べた。

大仕事を終えたように、ふかふかのクッションに体をうずめる。

私も夫も、涙が止まらない。

「もう、食べられなくてもいいや」と決意した矢先なのに、たった3口が、空まで飛び上がりそうなほど、うれしかった。

いつもそうだ。

頭で割り切って、あきらめてしまおうとする私に、あいは出会ったころから「生きる」という当たり前の本能を教えてくれる。

人間の持つどれほどの「死にたい理由」だって、動物の「生きるチカラ」の前では無力だ。

あいは、生きている。


深夜、私が作業のために、ふだんは開けていない2階の奥の部屋にいると、興奮したビーがドタドタと飛び込んできた。物置同然になった部屋の中、紙袋やダンボールに頭を突っ込んでは何かを確認している。

面倒くさくて無視していたら、ふともう1匹、猫の影が見えた。どうせまた小さいほうの2匹が来たのだろうと思って見ると、そこには、久しぶりに丸い目を輝かせたあいがいた。

ふん、ふん、と珍しそうにあちらこちらを見渡しながら、窓の近く、ハンガーにかけてあった夫のジャケットの中に、かくれんぼをするように潜り込んだ。子猫のようにいたずらなまなざしが、薄暗がりの中でキラキラと輝いた。

2009年12月22日

ハアハア、という荒い息で目が覚めた。

夢の中で聞いた音だったのかもしれない。青くなってベッドから体を起こすと、床に置いたライトセラピーの器具に頭をもたれかけるようにして、あいが横たわっていた。

裸眼なので、様子がよく見えない。

恐る恐るベッドを下りて近づくと、犬のように早い呼吸でおなかが大きく脈打っていた。苦しそうに見える。少なくとも、「穏やかに眠るようなその時」とは言いがたい。

ふと見上げると、エアコンの暖気が、あいのいる場所に直接吹きつけていた。設定温度は30度。そうか、暑すぎたんだ。だから、冷たい機械に体を付けていたんだね。

エアコンの風向きを変え、携帯電話で時間を確認すると、まだ早い。もう一度寝ようと試みるが、体はベッドに沈んだように重いのに、頭が冴えて眠れない。

よろよろと洗面所のめがねを取り、台所へ向かう。寝ぼけた頭で薬をこねて団子状にし、免疫サプリと水を混ぜたものをシリンジ2本分作った。

これを飲ませれば、あいももう少し楽になるかもしれない。

脱力するあいを抱き上げ、おなかをこちら側に向けて膝に乗せ、大きく口を開けさせる。あいもまだ寝ぼけていたのか、抵抗する力もなかったのか、薬団子は、いつもよりすんなりのどに転がり込んだ。

今度は逆向きにし、背中から抱きかかえるように膝に乗せ、口の端にシリンジの先を含ませる。ゆっくりと液体を流し込み、口内にたまったころに「あい、ごくんは？」と言うと、コクン、と上手に飲んでくれる……ときが30パーセントくらい。

今回も変なところに入ってしまったのか、目をむいて両手で私を押しのけた。

仕切り直し。

もう一度抱きかかえ、今度はもっともっとゆっくり、流し込む。かなりの量が口の中にたまっているはずなのに飲み込もうとしない。やがて、鼻が詰まって息ができないことに限界を感じたのか、首を振って逃げ出した。サプリで色の付いた水が布団に飛び散る。

三度目、少しだけ、飲めた。四度目、かなりスムーズだった。

今、あいは、自分で水を飲むことはない。

もちろんごはんも食べない。

そのせいか、嚥下《えんげ》の方法を体が忘れていっているのではないだろうか。それとものどが痛むのか。ステロイドを飲ませたので、もう少しすれば痛みも取れるとは思うけど……。

薬の時間を考えなくちゃいけないな——。寝ぼけた頭で、闘病日記に忘れないように書き記した。

私は物心ついたころから、ひとつのことをやり遂げるということがとても苦手だった。「性格」という言葉で片づけるには極端すぎるレベルで。

友人関係でも、恋愛関係でも、その関係が安定しそうになると、手のひらを返したように破壊したくなる。「もう飽きた」「忙しいから会えない」「もともと好きじゃなかった」——。相手の愛情を試したかった、という幼稚な行為のようにも思えたけれど、おそらく違う。過去、父の仕事の都合で転校を重ねた私は、どれだけしあわせな時があろうと、かけがえのない存在ができようと、ある日突然引き裂かれてしまうことを知っていた。だから無意識のうちに、永遠を願うことを避けていたのだと思う。

「なくなる」前に、自分から「捨てる」。

あいの猫エイズと白血病を知ったときも「一緒に死のう」と思ったのは、同じような気持ちからだったのかもしれない。

今も、あいの一挙手一投足に、びくびくしていないと言えば嘘になる。あいが、いなくなってしまうのだと思うと、恐怖や悲しみを通り越して、頭の回線がシャットダウンされたように真っ暗になる。

だけど、あいとのこの時間を、やがて訪れるであろう人生でいちばん、胸が張り裂けそうに痛いその瞬間を、投げ出したくない。

受け止めたい。

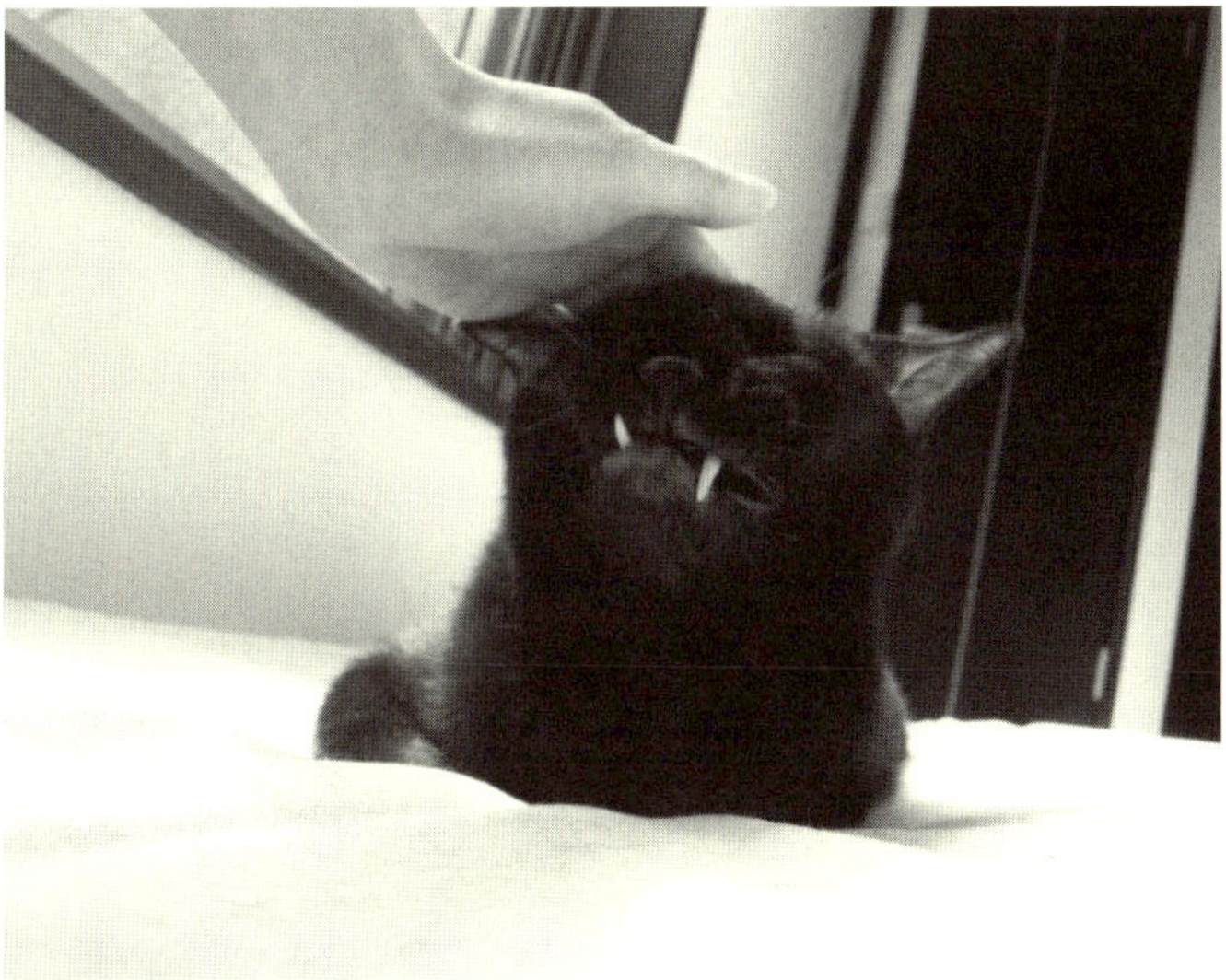

２００９年12月23日

あいが、自分で水を飲んだ。

日なたぼっこをしていたソファからリビングテーブルに飛び乗って、その上にある猫用のガラスの器から、ペチャペチャと舌で水をすくっていたらしい。

目覚めると、祝日で会社が休みの夫が、ほうけたようにそう言った。

「だから、今までも、俺らが気づかないだけで飲んでたのかもよ?」

「まさか……」と私は目覚めたばかりの頭を振る。だって、私は四六時中、あいの負担になるくらい目を光らせていたもの。

昨日の夜は、ついあいに無理をさせすぎた。ブログでアドバイスしてもらった「砂糖水」にすると、あいが案外楽そうにシリンジから水を飲んだので、調子づいた私は、もうあいが嫌がっているのに、どんどん量を増やしてしまったのだ。

だから夫の言葉も、そんな私への慰めや気遣いなのかといぶかしんだ。だけど、本当に今日、あいは水を飲んでいたらしい。

うれし涙が、またこぼれる。

しかし朗報ばかりは続かない。

昨夜から二度目。今朝も、あいは猫トイレから出る間際におしっこの切れが悪く、入口付近に水たまりを作ってしまった。

ただ昨夜のそれは、もうほとんど「出るべきおしっこ全部」という量で、「とうとうか」と思ったけれど、今日はどちらかと言うと、おしっこが終わったと思って出てきてみたら、まだ残っていた……という感じだったそう。

考えてみれば、シリンジでお水をあげる際にうまく飲み込めないのも、おしっこが終わったことに気づかないのも、貧血でぼうっとしているからかもしれない。私も、精神安定剤を大量に飲んでぼうっとすると、似たように、自分で力の入れ具合がわからなくなるときがごく普通にある。

思い返してみれば、そもそもあいは、出会ったとき、箱や袋が異常に苦手な猫だった。猫なら喜んで中に突進したりするはずと、母が袋を見せると、あいはおびえて脱兎のように逃げ出した。母はいつまでも後悔したという。

もしかしたら、まだ繁華街にいたころ、箱や袋に入れられてひどい目にあったことがあるのかもしれない。

そんなあいが、今では、ふた付きの密閉空間で平気で用を足しているのだ。私たちはその様子を自然と受け入れてしまっていたが、これだって、あいにとってはどれほどのがんばりだったことだろう。ありがとうね、あい。

水たまりになった黄色いおしっこに、それと間違いないかどうか、顔を近づけてにおいをかぐ。独特のツンとしたにおいが鼻腔を刺すが、嫌な気持ちはみじんもわいてこない。

昔は下痢で、部屋中をうんちだらけにしていたあい。おしっこなんて、かわいいものだ。

年を取る、というよりは病気が原因なんだろうけど、こうして、まるで赤ちゃんに戻ったようなあいのお世話をしていると、なんだか一緒に体験できなかったころの時間を共有できているようで、心が満たされる。

昼ごはんを作るのが面倒になっていたら、夫がハンバーガーを買ってきてくれた。安い油のにおいが部屋に充満し、それだけで私は思わず胃もたれする。ちらりと、和室にいるあいを見やった。しかし気にする様子はない。

あいと出会った自動販売機のすぐ近くには、ファーストフード店があった。

おそらくあいも、残ったゴミや、包み紙に付いた油をなめて生きていたのだろう。あいを拾い、隔離して世話をするようになってからも、ふとハンバーガーを買ってアパートに入ると、あいは異常なまでに興奮した。おなかがいっぱいになるほど食事は与えているはずなのに、「しんぼうたまらん」といった感じで、その袋に鼻をふんふん寄せるのだ。

当時は、あげてみるとポテトでも何でも食べたのだけど、月日がたって一緒に暮らすようになってからは、しつけ（？）の甲斐あってか、決められた健康に良いドライフードしか食べなくなった。それでも、ごくたまにファーストフードを買って帰ると、食べないくせに、まるで昔のように目を輝かせる。「もしかして」と、ケチャップを口の端に付けながら夫が言う。「あいが、今のドライフードを好きなのって、これと似たにおいがするからかな」

たしかに、原料はまるで違うのだろうけど、あいが好んで食べているドライフードは、なぜかファーストフードのにおいがする。記憶というのは不思議なものだ。

今日も薬を飲ませる。免疫アップの液体サプリメントも飲ませたくて無理をしたら、口にためたまま、手を離したすきに垂れ流されてしまった。また落ち込む。

「相手の様子を見ながら」と夫は言うけれど、それほど難しいことはない。それならまだ、何時何分、1秒の狂いもなしに……と言われたほうが、強迫的だけど楽だ。

相手の気持ちなんて、相手が大切であればあるほど、わからなくなる。

あいがまた、ダンボール箱の中に隠れてしまった。

時間がたち、どうしても免疫サプリを飲ませきれていないことが気になった私は、再度、夫がいないのを見計らってチャレンジすることにした。

ふと思いたって、手をお湯で温めてみる。もともと冷え性の私の手のひらは氷のように冷たく、お湯がひりひりと染みて、やがて真っ赤になった。

免疫サプリを少量シリンジに入れ、砂糖水を生ぬるく温めたものを別のシリンジに入れる。最後にもう一度、電子レンジで熱くしたタオルで、自分の手を湯気が立つくらいぎゅうっと包んだ。

ダンボール箱の入口にお尻を向けて隠れるあいを、できるだけやさしく抱き寄せる。手が温かったのが良かったのだろうか。案外すんなり膝に乗った。

まずは、免疫サプリ。あいの目を見ながら、話しかけながら、「大丈夫」を伝えながらシリンジを押す。ややあって、コクン、とのどが上下した。

このあたりでやめたほうがいいんだろうか。私は必死で、わかるはずもないあいの心に自分の心を沿わせようとする。そして思い出す。私が小さいころ、病気になるたび、薬の後に母がしてくれたこと。

「はい、えらかったね。口直しだよ」

まねるようにささやいて、私はあいの口の端に砂糖水のシリンジを近づける。シリンジの背を押すと、透明な管を通って、思いのほかするすると砂糖水が減っていく。

またむせるかもしれない――。不安に思いながらも、あいに語りかける。

「甘いね、おいしいね。ほら、ごっくん、できるかな?」

ごくん。

そんなに悪いものでもない、というふうに嚥下した。

もう少し押す。ごくん。最後、まだわずかに底に残っていたけど、やめておいた。

ダンボール箱の中に逃げ込む前に、隣に敷いた柔らかな毛布に、ストンと下ろす。最初は落ち着かず、逃げるタイミングをうかがっていたようにも見えたけど、温かいままの私の手で、やさしく、やさしく、あいの体をなでてみた。

猫の気持ち良いツボでもわかればいいのだけど……。せめて痛くないように、せめて心を込めて──。

「ありがとうね、だいすきよ。あいちゃん、だいすきよ」

ささやきながら手を添わせると、こわばったあいの体から次第に力が抜け、気持ち良さそうに目を閉じた。


夜、あいがトイレに入る現場を見た。

寝ていた顔をはっと上げ、ふた付きのトイレに駆け込むと、向きを変えることなくそのままお尻をこちらに向けて放尿する。終わると、くるりと1回転してトイレから出てきた。

なるほど、この中に入るのが間に合わないときに、入口からお尻が出た状態でおしっこをしてしまい、外にこぼしてしまうわけか。ペットシーツを敷いてみた。

トイレから出たあいは、数歩歩いて、崩れるように床に横たわる。おしっこをするというのは、とても体力を使うことなんだろう。

それなのに、ちゃんとトイレに行くんだね。すごいね。えらいね。

暑いのだろうか、あいは暖房の熱気の届かない和室のダンボールの中で横たわることが多くなった。ときどき、のそりと体を動かし、隣に敷いた毛布の上にゆっくり移動して、リビングにいる私たちを見つめる。

そばに行きたいけれど、また薬かと勘違いさせてはいけないから、あの子が自分から来るまでは、じっとがまんする。夫は、誘うように、あいから見える位置で仰向けに寝転がった。

あいは、仰向けに寝転がった人間のおなかの上に乗るのが好きだった。寝転がると「乗らずにはいられない」といったふうに、線の細い手足でおなかを踏みしめ、肉付きのよいむちむちした体で、私たちを守るように丸くなる。寒いときは、太ものあいだにぐうっと顔をうずめてくる。

昔、誰かの——例えばホームレスのおじちゃんの上なんかで、暖をとっていたことがあったのかな。おじちゃんに、ハンバーガーやタコヤキの残りをもらっていたことがあったのかな。

一時期はいっとう苦手だったダンボール箱に、今は、ひっそりと隠れるように身を寄せるあい。そんな箱の中で暮らした時期もあったことを、思い出しているのだろうか。思い出せる「やさしい過去」が、あの繁華街の中にもあるのだろうか。だったら、いいな。


先日、母が、ふと言った。

「あいちゃん、12か13歳だって話だけど、私は、なんとなく10歳だと思いたいな」

「なんで?」

「だって、そうすれば、あなたと出会うまでの苦しかった5年と、同じだけしあわせな5年を経験して、つり合って『もういいか』っていくことにしたのかもしれないじゃない」

そういう考えは、たしかに私の胸にもよぎった。だけど、そんなの——。

「勝手だよ……」。思いがけず震えた声に驚いて、母が振り返る。

「だって、勝手にやって来て、勝手に『もういいか』なんて、5年しかいられなくて……」

「『5年しか』じゃないよ。『5年も』だよ。あんなに重い病気も抱えて……」

「私だって、人前で話すときはそう言うよ。だけど……」

誰よりも強がりたい母の前なのに、涙が止まらない。

「……こんなにも大切な存在、ほかにないのに……」

悲鳴を飲み込むように、嗚咽した。

2009年12月24日

朝、7時過ぎ。

「セリ、セリ」という、かすれた声に目を覚ます。

目やにをこすり取って見上げると、くったり脱力したあいを抱きかかえて、夫が夫が寝室に入ってきた。

顔が涙でゆがんでいる。

家を出る直前だったと言う。その日、夫はいつもより早く、あいの荒い呼吸音で目を覚ました。最初はハアハアと苦しげだった呼吸も、なでているうちにおさまったので、そのまま起き、ゆったりと出社の準備をしていた、らしい。

顔を洗い、歯を磨き、服を着替え、お茶の準備をし……。いつものことを、いつものようにしているあいだ、猫たちはごはんを食べていた。あいはなんとなく落ち着かない様子で、心地良い場所を探すようにうろうろしていたが、やがてかまくら型の猫ベッドの横に腰を下ろした。

夫は交換日記をつけた。

イブだね。

皆で一緒に今日を迎えられたね。ありがとう。

次はお正月を目指して……いや、それよりまず、今夜のイブを楽しもう。

ケーキ買って、なるべく早く帰るね。


トイレの中におしっこはあったけど、たぶん、あいはしていない。

今朝、少し呼吸が荒かったが、ゆっくりなでてたら落ち着いた。

足元がおぼつかないので、貧血がひどいのかも……。

死に時は、あいが決めると思うので、
俺のことを思って、あいに無理をさせたり、セリが無理をしなくていいよ。
ありがとうね。
大好き。

このときすでに、彼はどこかで何かを感じていたのかもしれない。

「そろそろ、行くか……」

準備を終えた夫が、玄関へと続く扉を開ける前に「いってきます」を言おうと振り返ったとき、なぜかビーが、かまくら型の猫ベッドのそばを、じーっと見つめていた。不思議に思い近寄ると、座り込んでいたはずのあいがふらふらと立ち上がり、しかし、そのまま、へたりと伏せるように床にへばりついた。

おかしい。

本能的に異変を感じ取った夫は、即座にあいを抱きかかえ、階段を上った。寝室へ入ると同時に、私の名を呼ぶ。

夫の腕の中には、全身をゆだねるように脱力したあいが、お姫さまのように抱きかかえられていた。

彼は迷わず私の枕元に腰を下ろした。

「ン……ンゥ……ン……ンゥ……」

まるで寝言のような、小さくて柔らかな声が、あいののどからもれている。

話に聞いていた発作だろうか……その考えがふたりの頭をよぎるが、それにしてはあまりにか細い。

私は、あいの顔の真ん前に自分の顔が来るようにしゃがみ、あいの目を真っすぐに見つめた。やさしく、子供をあやすように声をかける。

「あい？　あーい？　どうした？　あーい」

あいは、二度、三度、ちいさなしゃっくりをすると、宝石のように澄んだ目で、じーっと私を見つめた。

そして、うなずくように、ゆっくりと、まばたきをした。

「……あい？」

あいが目を開く。

瞬間、黒目が真ん丸に広がっていく。

何が起こったのかわからないまま抱きしめ続ける夫とは違い、私は、今まで何度か猫を見送った経験から、あいの瞳が、私たちの見ている現実を映さないものに変化したことがわかった。

「息……してる?」

私が聞くと、夫は泣いたまま首をかしげた。

「……わからないから、ここ、ねんねしようか」

枕もとに敷いたタオルの上を指さすと、夫は鼻をすすり、「……ごめんな、寝転がろうか」と、あいを横たえた。

静か、だ。

少しだけ開いた目は、深い色に潤った黒曜石みたいで、わずかにすき間の開いた口からは、薄桃色の舌がのぞいていた。

「あい」らしい、「あい」。

夫が何度か目を閉じさせてあげようとしたけれど、やはり開く。

「……もう、いいかな」。あきらめたように寂しく微笑《わら》って、夫が手を離す。

いいよ——。

もう少し、この世界を眺めていたいんだろう。

トイレに行って戻ると、あいのまぶたが閉じていた。夫がそうしたんだろう。でも、舌は相変わらずペロリ。

「寝てるみたいじゃない?」

夫が言う。

「うん、かわいい」

私は、昨夜買ったばかりの鉢植えの花を——本当は今日、あいに見せるためにベランダに置いておいた雪のような花を「ごめんね」と言って手折り、あいのそばに添えた。しろつめ草のかんむりのようにしたかったけれど、コロリと落ちてうまくいかない。

計画が、あった——。

今朝、ベランダの光に包まれたこの花を、あいに見せて、驚かせてあげること。

クリスマスイブである今夜、私は食事の準備をしながら猫たちと一緒に夫を待ち、白い息を吐きながら急いで帰ってきた夫を迎えて……パーティーが始まる。

ケーキは食べられなくていい。ごちそうも、きっと遠巻きに見ているだけで終わるだろう。

だけど、マッチ売りの少女がうらやむような、温かなオレンジの光に包まれた我が家で、私と、夫と、あいと、3匹の猫たちと、世界一やさしいクリスマスパーティーをする。


だから、昨日の昼間は買いものに明け暮れた。夕食は、適当に外で食べた。

夜、些細なことで泣き言を言った私を夫がなだめ、ふたりとも沈んだ空気になった。

もっと、笑っていれば、良かった。

笑顔で、明るい声で、お笑い番組でも見て、夕食も家で、手抜き料理でよかった。

そうだ。

クリスマスなんて、昨日、やったってよかったんだ——……。


どうやって一日を過ごしたのか、よくわからない。

あいに誘われるように眠くなった私の後ろで、夫は会社に事情を説明し、休みをもらった。とりたてて動物が好きというわけでもない所長さんは、それでも、週明けまで休んでいいと言って、ねぎらいの言葉までかけてくれたという。

夜、惰性のように作ったクリスマスディナーを無理やりおなかに詰め込んで、わずかな味覚で「おいしいね」とささやき合う。背後のソファには、籐製の猫ベッドの中で眠るあい。

本当に、眠っているようにしか思えない。

葬儀は明日の午後に決まった。

夫はいつものように、リビングのソファで、あいのかごベッドを蹴らないように寝転がり、やがて寝息を立て始めた。

私は隣の床暖房の上でノンアルコールビールを飲む。こんなときくらい、思いきり酔っ払ってしまいたいと思うけど、アルコール依存症だった私があいのおかげでお酒をやめることができたのに、今度はあいのせいで飲んでしまうなんて、きっとあいは悲しむだろう。

夜が、明けなければいい。

そっとあいの手を握る。冷たい。右手が浮かんだまま固まっていたから、おもちゃのボールを下に添えてあげた。いちばん最初にあいが飛びついた、懐かしいピンクのボール。

おなかが減っているかな、と、小皿に缶詰をよそってあいの顔の横に置いたら、瞬く間にヒナに食べられた。

爪が、ぐっと出ている様子もない。ゆるやかに脱力した腕。

このままずっと、こうしてここにいてくれたらいいのに。

冷たいままでもいい。

しゃべらなくてもがまんする。

だって、そうじゃなきゃ……会いたいとき、どうしたらいいの?

どこに向かって、「あい」と呼べばいいの?

まるで生きているように柔らかい毛。ふわふわの手の甲。なのに、ひんやりしていて、横にいるだけでも冷気が伝わってくる。これから、さわりたいときはどうすればいいの?

においは……しない。

あいの好きだったラベンダーのポプリを体に添えると、その香りのせいか、久しぶりに吸い込まれるように眠りに落ちた。

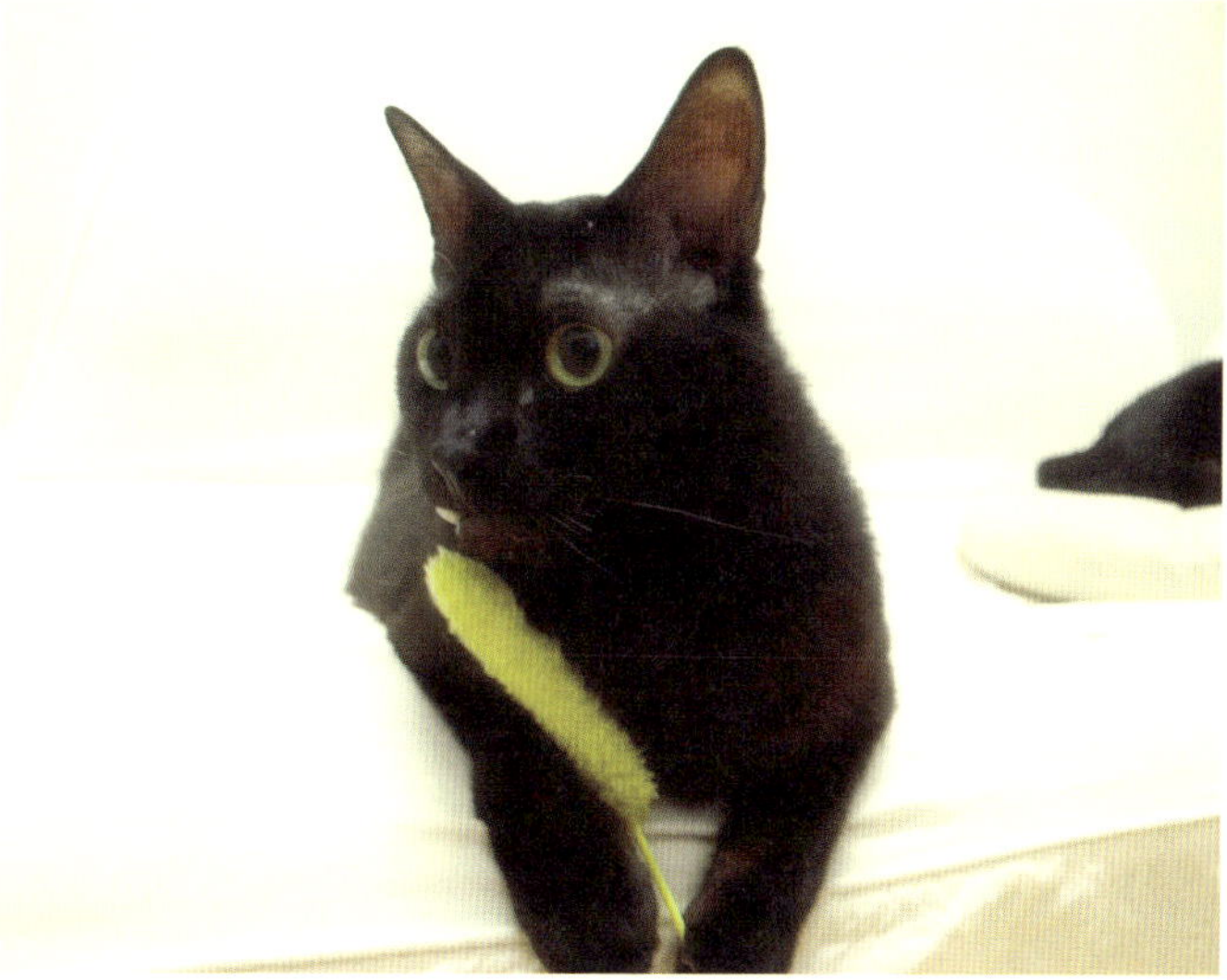

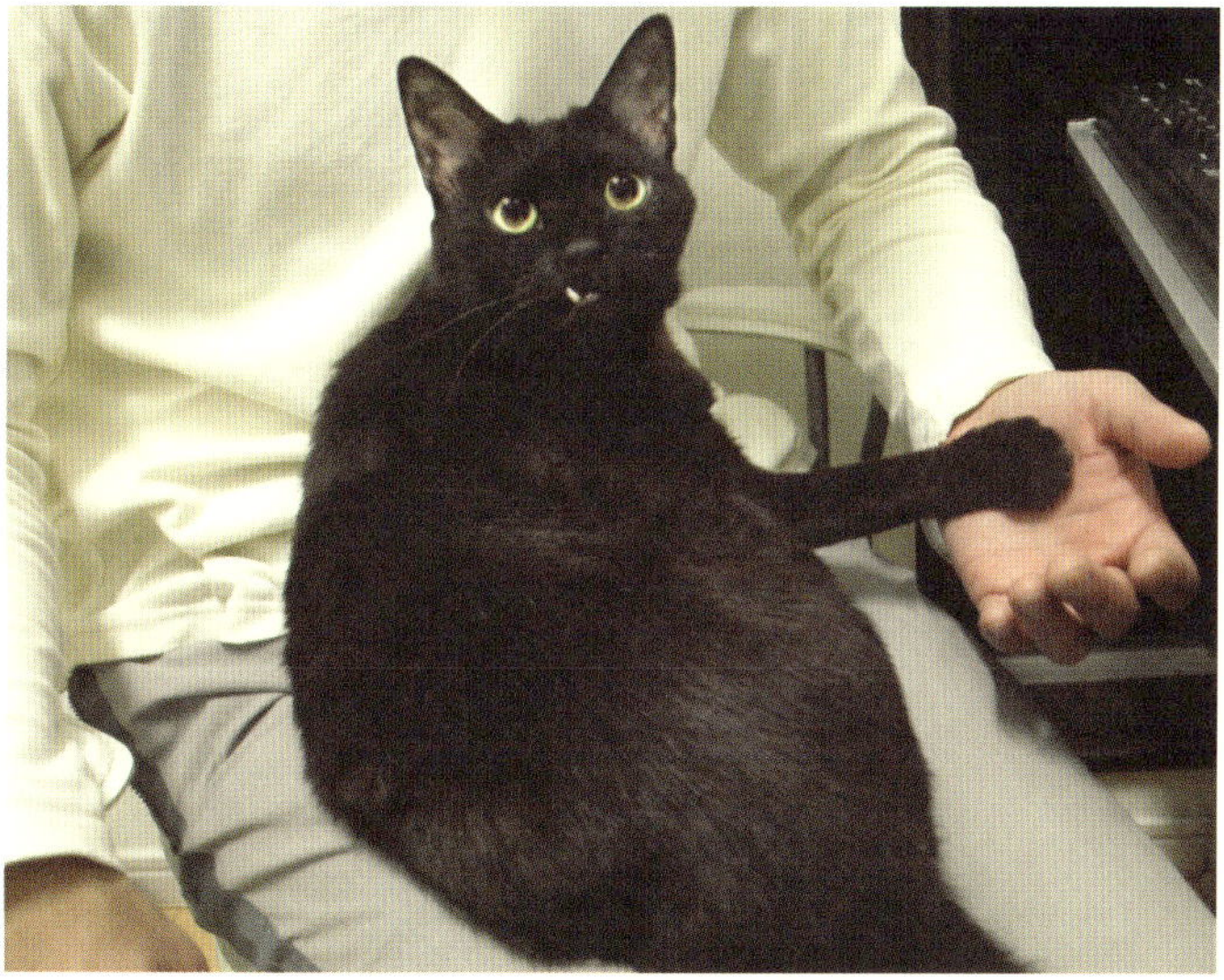

いつまでも
いっしょだよ

2009年12月25日

目が覚めたら、鼻先にあいがいた。

そっと、傷つけないように腕を伸ばして手を握る。やっぱり冷たい。

だけど、毛は今もなお柔らかで、体つきもぽてんとしていて、いつものあいだ。

「おはよう」

あいは、起きない。


寝室の窓を開け、あいを寝かせたかごごとベッドの上の窓際に移す。風が舞い込んできたけれど、日差しのせいか、ほんのりと暖かい。ベランダの植木を近くに寄せると、ラベンダーの香りがした。

あいのかごの横、ヒナがいつものように日なたぼっこをする。

昨日は動かなくなったあいに戸惑っていたようだけど、慣れたのかな。まるで、いつもと、何ひとつ変わらない風景だ。

だけど、あいは、もう動かない。

あいのことを告げたブログには、気がつけば200件近くコメントが入っていた。

やさしい、やさしい言葉ばかり。「天国」へ行くあい。「虹の橋」へ行くあい。天使になってそばにいるあい。

だけど、文字を読むそばから、意識はかなたに通り抜けていく。

誰かが言った。あいは神さまに愛されていた。だから、こんなにも穏やかな最期を迎えられた。

それは、きっと、そうなんだろう。

今、振り返っても、必死に頭で考えても、あんなに安らかな最期はないだろうと思う。もし「ベスト」というものがあるなら、ああいうことを言うんだろう。だけど——。

いやだ。

いやだ。

いやだ、いやだ。

離れたくない。

あいと、離れたくない。

あいがいない風景なんて想像できない。

「あい」と話しかけても、あいはもう、あの丸い目で首をかしげてくれない。

ベロを出しっぱなしにしない。

「どう思う、あい?」

聞いても、もう、あいはしゃべれない。


いやだ。

いやだ。


あいがいないのなんて嫌だ。

耐えられない。

いやだ。

あいが好きだ。

ずっと、あいと一緒にいたい。


あいの病気を知ったとき、私はいちばんに、そして最後まで、あいの気持ちだけを考えた。

あいが楽であるよう、そのことだけを軸に、すべてを決めてきた。

私の「悲しい気持ち」を、置き去りにしていることにも気づかずに――。


離れたくない。

だけどもうすぐ、火葬車が来る。

3時間近い、長い長い時間をかけて、自宅の庭、抜けるような青空の下で、あいは、骨になった。

白いと思っていたそれは、ところどころが黒く染みのようになっていて、葬儀社のおじさんが祭したふうに骨を見つめた。

「がん……だったんですね。がんは、最後まで燃えないんです。だから、骨にまで染み付いてしまう」知らなかった。思わず顔を見ると、

「うちの子も、そうでしたから」。

おじさんはいとおしげに、腰に付けた銀色のカプセルを手のひらに乗せ、私たちに見せてくれた。最愛のラブラドール・レトリーバー。彼の死が、おじさんに「生き終わった命を見送る」という使命を遺してくれたという。

どれくらい、ぼうっとしていたことだろう。

骨になったあいを入れた「それ」を置くための台を買おうと、家を出た。

起き上がるパワーも残っていなかったけれど、家で何もしないより、気が紛れると思った。帰り道、ふいに心配になる。「こんなに家を空けて、あいは大丈夫だろうか」

そして、次の瞬間、すとん、と心に落ちる。

そうだ、もう、あいはいないんだ。

かつて、あいを祖母のアパートで隔離飼いをしていたときは、祖母の部屋を出るたびに思った。

「自分がいないあいだに、あいに何かあったらどうしよう。翌日行ったら、あいが死んでいるんじゃないだろうか」

雪の降った日、どこかで地震が起こった日、テレビで火事を見た日――いつもあいを思った。だから毎回、帰り際には必ず「またね」と言って部屋を出た。

「また明日」がありますように。

だけど、もう、どうしたって、「また」はない。

冬の夜にしては暖かい日だった。

食べたいものも思い浮かばず入った、安いセルフのうどん屋でうどんをすすっていると、突然、夫が嘔吐《えず》いたように口元を押さえた。「どうしたの」と聞く間もなく、ぼろぼろと涙をこぼしはじめる。

「……何か、悲しいこと思い出した?」

聞く私に、夫はかぶりを振り、

「今、たらふく食ったから、あいにも食わせてあげたくて……」。

うなずく私も、気がつけば泣いていた。

閉店間際の人のいないうどん屋で、食べ終わるまでに何度も涙を流し、鼻をかんだ。

夫は、体に――できればおなかに、タトゥーを入れるという。あいをイメージしたタトゥー。自分があいの家になるのだ、と。

「早く入れたい。そうしたら、俺が食べたら、あいも食べたような気になるから」

私は、夫がうらやましい。少なくとも、タトゥーを入れるまでは生きる理由がある。

あいを亡くした今、私には驚くほど生きる理由がないことに、気づかないふりをしていたけれど気づいてしまった。

明日から、どうやって生きていけばいいんだろう。

あいのいない世界で。

ごはんを食べて、歯を磨いて、仕事をして、眠って……それから?

生きるって、ほかに何をすればいいの?


家に帰ると、猫たちが集まってきた。

骨を入れた「それ」に、ビーが、不思議なほど何度も顔を擦り寄せる。慣れないにおいでもするのだろうか、まるで、マタタビでもかかっているように、猫同士のあいさつのように――いとおしそうに、頬を寄せる。

その後、ビーは食べすぎと言うくらい何杯もごはんをおかわりし、食べながら、ちらちらとあたりをうかがう。

かつてあいは、ビーの食べた缶詰の残りを食べたくて、いつもビーが食事を始めると、そのそばでじーっと終わるのを待っていた。覚えているのだろうか。今、ビーは、もうおなかがいっぱいのはずなのに、ごはん場に居座り、何度も私たちを呼ぶ。

呼んでいるのは、私たち、なんだろうか。それとも——。

いつまでたっても現れないあいのために、自分のごはんを少しだけ残して、皿を離れるビー。

まだ若い2匹は、久々に思いきり遊んでもらえるのがうれしいのだろう。がむしゃらにおもちゃを振る私の動きに、みるみるテンションが上がっている。最近、あいの具合が悪そうだったから、遊ぶのも遠慮していたものね。

カタン——。

あいの入った「それ」に当たって、瞬間、空気が凍る。私の目に涙が込み上げると、意味のわからないまま、猫たちも沈んでしまう。

こんなんじゃだめだ。

3匹の中にある「わけのわからない違和感」を、平穏に戻してあげるため、精一杯のケアをしなければいけない。

良かった。せめてもの、生きていくしるべが見つかった。

あいと出会って、私は変わった。

かつては何も誰も信じず完璧主義で、自分にも他人にも厳しかった私が、病気のあいと暮らすようになって、「ただ、生きているだけでいいんだ」と思えるようになった。だから——。

あいがいなくなった今、また、昔の私に戻ってしまいそうで怖い。

あいは、私の半身だった。「闇」と「光」があるなら、あいは「光」。

どれだけ超えられない壁を目の前にしても、どれだけ裏切られ、傷つき、投げ出したいような現実に直面しても、「生きてるだけですごいじゃない」と笑えたのは、目の前に、生きているあいがいたからだ。

今は、もう、いない。

私は、どうなってしまうんだろう。

いつもいるはずのソファにあいがいない。

主のいないピンクのごはん皿が、ぽつんと台所に座っている。

ほかの猫の名前を「あい」と呼び間違える。

無理やりにでも本でも読もうと腰を下ろした私の近くに座るビー。嫌がられるかな、と思いつつ、やさしくなでると、気持ち良さそうに目を閉じた。

こんなふうに、私は、あいをちゃんとなでていただろうか。

薬の量が増えるほど、あいの体調が芳しくなくなるほど、あいにふれることを避けていたかもしれない。私が近づくことを怖がるかもしれない——と。

最後にのどを鳴らす音を聞いたのはいつだろう。

最後におなかに乗ってくれたのはいつだろう。

最後に私を見上げて「アニャア」と鳴いたのは——。

もっとできた。

もっとしあわせにできた。

どれだけ薬を飲んでも、眠れない。

ブログでどれだけの人が励ましてくれても、「みんなの心の中で生き続ける」と言ってくれても、そんなの意味がない。

ここにいなきゃ。いてくれなきゃ。

さわれないよ。寂しいよ。苦しいよ。

あいのいない世界なんて、無理だ。

2009年12月26日

まるでストロボの光がはじけたように、ふとした瞬間、過去の情景が脳に散らばる。

丸いお尻を揺らしながら、階段を転がるように駆け下りるあい。ソファの手すりに香箱座りをしてこちらを見つめる、少し涙目のキラキラしたまなざし。誰かにゴハンをあげると負けじと駆け寄って、先頭で待機するうれしそうな背中。背もたれがなければ倒れてしまうほど、ぷくぷくに太ったおなかを毛づくろいするときの、猫とは思えない無防備な姿勢。「あい」と呼んだとき、「なあに？」というふうに振り返るその顔と、首のない二重あご。

「届いたお花、どこに置こうか」と夫に相談すると、「あいのとこは？」との答えが返ってきた。あいの入った「それ」のある棚のことだ。そのあまりの自然さに、私も猫たちも、思わず周囲を探してしまう。

——あいが、いるの？

今や、家中のすべてが「あい」で埋まっている。

例えば、あいが最後のほうに気に入っていたダンボール箱は、誰も使っていないのに、捨てられないままそこにある。ゴミ同然の壊れたソファも、誰も飲まないあい用の薬も、食べかけのままのキャットフードも——。

片づけられない。

消したくない。

「愛する」ということは、ただそこにあるなんでもないものが、かけがえのないものになるということ。

あいがいた。たしかにあいがいたこの時間ごと、何ひとつ、変えることなんてしたくない。


「ごはんどうする？」と、夫が夕方近くなって聞いてきた。頭では食べなければとわかっているのに、全く食欲が出ない。

そのことを告げ、「だけど」と説明する。

「カジが、食べたいと思ってくれるのは、私のためなんだよ。私、今、なーんも食べなくても平気だから、でもそれじゃだめだから……カジが食べるために、私も一緒に食べる。そうしなきゃいけない必要があるんだよ。カジのおかげ」

そう言うと、夫は「じゃあ、俺はビーのおかげだ」。

「……？」

「俺も全然腹は減らないけど、ビーがメシを欲しがって、目の前で無心に食べるのを見てると、なんとなく腹が減ってくる」

私たち、また、猫に生かされている。

在宅で仕事をしている私は、あいの病気がわかってからは仕事をすべて休み、家にいた。

だけど、あまり構われるのはうっとうしいだろうから、あいに付きっきりだったというわけじゃない。

買いものに行った。整骨院にも行った。パソコンでブログも書いたし、何か良い薬やサプリメントの情報がないものかと、夢中になって検索しているうちに時間は過ぎた。

なるべくあいのそばにはいたつもりだけど、四六時中、なでたり、話しかけたりしていたわけじゃない。

そして、あいの猫生の終わりのほとんどを、彼女の意思に任せた。

好きだろうと思う食べものを差し出し、何度か薦めて、それでも食べなければ片づけた。嫌がられるのが心苦しくて、流動食を流し込むこともたったの一度しかしなかった。そのくせ、薬と免疫サプリと水だけは、それだけが生命線だとでもいうかのように、躍起になって飲ませた。

あいは、最後、私を怖かっただろうか。うとましかっただろうか。

そんなことはない。頭ではわかっている。だけど、気を抜くと、どうにもならないことばかりが頭を占めてしまう。

最後、12月23日の深夜、眠る前にふとリビングに下りた私は、ついでにと、あいに砂糖水を飲ませた。思いのほかスムーズに飲んでくれたので、いつもより多めに飲ませながらも、むせたらいけないと、ほんの少し残してやめた、つもりだった。

でもそれは、本当にあった記憶だろうか？

もしかして、嫌がるあいに気づかずに、無理やり飲ませやしなかっただろうか？

そのせいで、翌日、体調が悪くなってしまったのじゃないだろうか。

次から次へとわからなくなる。

水を飲ませた後に、体をなでてあげたような気がする。

……押さえつけてなかったか？

「寝るね、また後でね」と目を見て声をかけた気がする。

……そのときすでに、あいはつらそうじゃなかったか？

わからない。

現実なのか、夢だったのかすらもわからない。

後悔しないように、精一杯、あいのことを考えて日々を過ごしたつもりなのに、振り返れば後悔ばかりがあふれ出す。

できなかったこと、やりすぎてしまったことばかりが思い浮かぶ。

2009年12月27日

洗面台で顔を洗い、タオルで拭いていると、階下の台所でカチチチチ、と夫がガスの火をつける音がする。カチャカチャと重なった食器を分ける音、蛇口をひねって水をやかんに入れる音。

また朝が始まった。

少しずつ、本当に少しずつだけど、頭の回路に小さなヒューズを付けられるようになった。あいのことを思い出すときに、なるべくもやがかかるように、曇りガラスのようなフィルターをかける。夢と現実の境目をなくす。

シュンシュンとお湯が沸く。

こんな朝の何げない音を、あいも聞いていたのかな。今から特別な何かが始まるわけではないけれど、なんだかわくわくするような、「生きている」その息遣いが聞こえるような。

あ、パンが焦げたにおい。

結局一日中、起きているような眠っているような時間を過ごした。

夕方近くに昼食をとり、冷蔵庫に一皿忘れたことに気づいて台所に立つと、リビングのテーブルに座る夫の背中が震えていた。

「どうしたの」と私が聞くと、「ううん」と首を振る。

「泣いてるでしょ」

「……いや」

「泣いてるよ」

「……まあ……」

「なんで？」

「え？」

「なんで、泣いてるの？」

「……」

「………私も今、泣きそうだったから。だから同じ理由なのかなあって」

「……ああ。でも俺は、なんでかとかはわからんから、なんでだろ」

「……私はね、この牛のたたきを見て、あいに食べさせたかったなあって泣いたの」

ガラスのテーブルに、カタン、と器が置かれる。

「牛は……食べないだろ」

夫が鼻をすすって、口元をゆるめた。私はうつむいたままラップをはずして、

「もう、何食べても思うの。世界中のおいしいものを食べさせようって思ってたのに、あれもこれも

食べてない。まだいっぱいいろいろあったのに。お正月のためにとってあった冷凍庫のトロかつおだって、例えば、ふぐみたいな高級魚だって、いっぱい、もっともっと……」。

「十分、食べたと思うよ」

首を振ると私は無理やりにそばをすすり、ぐっと、のどに涙を詰まらせる。夫は流れる涙をぬぐおうともせず、

「なんで、こんなに涙が出るのか、俺はセリみたいに理屈でものを考えないから、よくわからん」。

ティッシュを取ろうとして、空っぽなことに気づく。目線を台所に移すと、そこのティッシュも空だ。

「私はわかるよ」

夫が振り向く。私はにらみつけるように、自分の膝頭に目線を落としたまま、

「あいが、いないのが嫌なの……。振り向いたらテレビの横には門松があって、なのにあいがいないのが嫌なの。ごはん食べてて、あいがいないのが嫌なの。新しいダンボール箱に皆が集まってくるのに、そこにあいがいないのが、嫌なの‼」。

涙か鼻水かそばの餡かわからなくなる。

「でもね」。叫びきった後、絨毯をむしりそうなほどにぎったまま言った。

「私は、だいぶこつをつかんだから。頭があいのことを思い出して、そしたらこう、そこからつながって涙が出るから、思い出さないように、手前で止めることができるの。だから、それができないカジのほうがしんどいと思う」

「どっちのほうがしんどいとか……ないだろうけどな」

「うん、しんどいのはきっとどっちもだろうけど……。カジは、それがそのまま流れ込んでくるでしょう。自然に任せて。でも私はそこでふたをしてるから……後から大変だろうね」

夫が苦く笑う。「だな」

「でもだからって、カジみたいに自然のままに私ができればいいのかって言うと、それはもう私の性格で『個性』だから、ためこんでためこんで破裂しちゃうのが私なんだから……私はカジにはなれないんだよね。それで、いいんだと思う」

夫がうなずく。私は、ふいに「ああ」と、頬をゆるめて天井を見上げた。

「これ、あいに教えてもらったんだよ。アンタはアンタでいいのヨ〜って。あいがいたから私は、『他人とは違う私』を丸ごと受け入れることができて、でも、あいがいなくなったら、そんなこと、またできなくなっちゃうかもしれないと思ってた。だけど、あいが見えなくなってもできた。できたよ……」

涙が、すべり落ちるように、ほほ笑む唇の上を流れた。


それでも――。

スーパーの扉をくぐり、積み上げられた鏡餅を見ると、思わず目をそむけたくなる。あいがいないのに、季節が移り変わるのが嫌だ。

いっそ時間なんて流れなければいい。止まってくれればよかったのに。あいの生きている、あのときに。

明日は、夫が3日ぶりに出社する。

ひとりきりの時間、大掃除でもしようかと思ったけれど、あいの座っていたソファカバー一枚、猫ベッドひとつ、洗うことを躊躇《ちゅうちょ》する。あいとは関係のないガスレンジさえ、ピカピカにするのが嫌だ。

何も変えたくない。

あいがいたころと何も変えたくない。

ときどき、「近所でお騒がせのゴミ屋敷」などとテレビで放送される家があるけれど、そのきっかけが連れ合いとの死別であったりする話をよく聞く。

そんな感じなのかもしれないいな。

どれもこれも思い出が染み込んでいて、洗ったり、片づけたり、あまつさえ捨てたりしたら、その存在が「いない」ことが「現実」になってしまう。

だからどんどん、どんどん、思い出の中に埋もれていく。掘り返されないように。鋭利な刃物のような現実にふれて「〜ちゃんは元気?」だなんて聞かれないように。

その存在のいる世界にすがりつく。

2009年12月28日

夫が久々に出勤する。玄関の扉の閉まる音を布団にくるまりながら聞いて、なるべく頭を空っぽにするように時間を過ごす。

枕元にある、あいの骨の入った「それ」を、いつもの足元の窓際に移し、ベランダのラベンダーたちを見せた。寒くないよう、毛布でくるむ。

「ほーら、あいちゃん、お花が見えるねー」……なんて、妄想の世界で生きているわけでも、「こんなことやって、私、頭、大丈夫?」と醒《さ》めきっているわけでもない。

ただ、あの子の体があったときと同じ習慣を、同じように、なぞっているだけ。

ふと外を見ると、窓ガラスが雨染みで曇っていた。布巾を湯で濡らし、丁寧に拭いていくと、透き通った冬の空がすっきり見えた。

もっと早く、こうしてあげればよかったな。そうすれば、あの空を、壁を、ときどき訪れる虫たちを、鮮明に眺めることができただろうに。

だけど、もしあの子の体調が悪いときに掃除なんてしていたら、今ごろ、ますます落ち込んでいただろう。窓の外なんて、見えなくてもよかったのに——と。

そんなふうに日常が、小さな後悔にまみれている。

私はあいと出会う半年前、拾った子猫をどうしても助けたくて助けたくて、毎日複数の病院を回った。キャリーの中で震える猫を抱きしめながら連れ回して、検査して、入院させて、怖い思いばかりさせて、死なせてしまった。

そんな思いはもう二度と嫌だった。

だから、あいのときは、とにかくあいが「怖くない」ようにと、病院にも極力行かなかったし、もしものことを考えたら、手術や入院なんてもってのほかだった。水や薬は少し無理してしまったと悔やむけど、追い回して押さえつけるほどのことはしなかった。

だけど、今、ほかの猫の闘病ブログで「あきらめない」「まだまだしあわせになってもらわなきゃ」という言葉とともに強制給餌をし、新たな治療法を試し、それが功をなして病状が少しでも好転しているのを見ると、私がしたことは間違いだったのじゃないか、という思いが胸を刺す。

答えなんてない。

結局、どちらでも後悔はするんだ。

どうやって折り合いをつけるかだ。

「正しかったよ」と言ってくれる存在は、いないのだから。

仕事部屋の暖房をつけると、石油ヒーターの上にビーが乗っている。羽を膨らませた鳥のような格好。

私が別の部屋に移動すると、どこからともなくほかの2匹も集まって、ドドドドとついてくる。ごはん皿にはフードが十分入っているから、おなかが減っているわけでもないだろうに。前からこんなに人なつこかったっけ。

私を心配しているんだろうか。夫のことだから、おおかた一番年上のビーに「おねえちゃんを頼む」なんて言付けていったのだろう。

もしも、今、ビーが死んだら……と考える。私は、後悔しないだけの愛情を注げているだろうか。「オァン」と、ごはんをねだって鳴いているのに、忙しくて無視をすることだってあるし、ごはんの好き嫌いをしたら「もう食べなくてよろしい」と怒ることだってある。元気そうに見えてもがんを患っているビーのために、毎日、薬も免疫サプリも、嫌がるけれど飲ませている。

もっとそばにいて、もっとなでて、もっと「好きだ」と言ってあげて――。

それでも、きっと、その時が来れば、私はまた後悔をするのだろう。何か小さなことをいちいち拾い集めて。どれだけ尽くしても、答えを聞くことのできない存在を前に、満足なんてできない。

逆に言えば、私はあいにだって、きっとそのときなりに精一杯のことをしていたのだろうな。今は、見えないけれど、たぶん。

私は、今もまだ、あいがあの空の上にいるとは、どうしても思えない。

あいとの別れを経験するまでは、旅立った子たちの話を聞くたび、「今ごろは、虹の橋の上で、病気の苦しみもない楽しくておいしい日々を送っていますよ」なんて言っていたけど——虹の橋ってどこだ？

どれだけきれいなお空でも、あんな遠くに、あんな不安定な場所に、あいがいると思いたくない。

じゃあ、どこに？

その先の、科学的な答えを知っているから、私は目を閉じ、耳をふさぐ。


気がつけば時間がたっていた。

すべきことが何もできていない。何かをしている途中で別の何かが気になり手を出して、その途中でまた別のことを始めてしまう。結局、片づきもせず、解決もしていないそれらが、まとまりのつかない私の心のように家中に散乱している。

「そういうもんだ」と、会社帰り、電話口の夫は言う。

そう言ってくれる人と暮らしている私はしあわせだ。

でも、前にも後ろにも進めない。気ばかりが焦る。

「そういうもんだ」

口先だけで繰り返してみた。


病気になったあいが気に入っていた壊れたソファの上で、マイペースっ子のぴょんが眠っている。リビングソファの手すりといい、この場所といい、ぴょんはなぜかあいのお気に入りの場所に、あいの体が見えなくなった後、当たり前のように身を置くようになった。

末っ子のヒナはヒナで、それまではけっして近づくことのなかったあいのごはん皿から、毎日新しく変わるあい用フードを食べている。

おそらくそれまでは「あいのもの」と暗黙の了解となっていたものがフリーになったから、それぞれが手に入れていっているだけなのだろう。

わかっているけれど、まるでそこにあいがいてくれているようで、自然と頬がゆるむ。

長男猫のビーだけは、いまだにあいを探す。ふとした瞬間に思い出したように、私たちではないどこかにいる誰かを、叫ぶように鳴いて呼ぶ。

そういえば、病気になる前のあいは、目が覚めると、そのたび狂ったように鳴いて私たちを探した。昔、隔離生活で寂しい思いをしたせいかもしれない。

「あいー。あーいー!」。階下から呼ぶと、ドドドドド、と、慌てつつも安堵の表情で階段を駆け下りてきていたのが、つい昨日のことのようだ。

病気がかなり進行してから、あいは鳴くことがほとんどなくなった。鳴きたくても声が出なかったのか、それとも、ぼうっとして、ひとりぼっちであることを寂しく思わずに済んだのか……後者であれば救われる。

「大丈夫、私たちはいなくならないよ」

ビーにささやき、何度も、何度も、頭をなでる。

なるべく姿を消さないようにしよう。
意味もわからず、悲しみの真っただ中にいるこの子を、ひとりにしない。

2009年12月29日

今日も、惰性のようにこの日記に向かう。

あいの病気がわかったとき、私はたぶん想像以上に気が動転して、だけど同時に、動転している暇なんてないほど、あの子に残された時間がわずかなことを感じて……。だから私は文字を綴った。

思春期を過ぎたころから、他人に弱音やグチを吐くのが苦手な私の、唯一の自己解放であり、自己表現のすべ。そして、おそらく漠然と持ち続けていたひとつの「夢」へとつながる道。それが「書くこと」だった。

あいと出会い、何げなく綴った日記が偶然にも書籍化され、それを機にブログを始めてまたそれが本となり、あいとの日々を綴ることは、意図せず私の夢を叶えることになった。

だけど、書籍が書店に並んだときも、それが誰かの心を救ったときも、テレビに出たときも、連載が決まったときも、飛び上がりそうなほどうれしかったけど、どこか自分の中には揺るぎない気持ちがあった。

「もしも、『書くこと』か『あい』のどちらかを選べと言われたら、私はあいを選ぶ」

人に認められたい。私を「いらない」と切り捨てた世間たちを見返したい。そのための大切なツールだった「書くこと」ですら、あいの存在と秤《はかり》にかければ、迷うことなく捨てられる。

あいさえいれば、それだけでよかった。


「これから、どうするの？」

心配して電話をしてきてくれた知人が、良かれと思って私に聞いた。

これから——？

おそらく、文章を書くことが好きな私が、今後、何を書いていくのかという質問。はたまた仕事や人生観についての軽い世間話のつもりだったのかもしれない。だけど、私の目の前は、反射的に真っ白になる。

「……まだ、今日一日、生きるので精一杯だからね……」

冗談めかして切り返しながら、しかし、輪郭のない「未来」という名の恐怖が、私の全身におおいかぶさる。

どうして、「これから」も生きなきゃならないのか。

どうして合言葉のように「生きろ」と言うのか、みんな。

こんなにも苦しみばかりの世界で。困難を乗り越えても乗り越えても、またパワーアップしては降りかかってくる絶望という名の試練に、終わりなんてない。

流行りの歌手たちはこぞって歌う。その壁を乗り越えた先には、もっと美しい景色があるのだと。

だけど、私は、美しい景色なんて見たくない。

この壁の前で、これ以上先なんてもう目指さずに——朽ち果てたい。

「前を向いて」だなんていうけれど、向いた前の、その先にあるのは、結局「死」じゃないか。


今日も、食欲がない。

あいの闘病中は、あんなに心配されながらもガツガツ食べていたのに、胃という臓器がなくなってしまったかのように、食べものに目が向かない。

最期が近づくにつれ、あいが何も口にしなくなったことに対して、「食べたくなかったから、それでよかったんだ」と、気持ちの帳尻を合わせようとしてるのだろうか。

昨夜は、家にある材料で鍋ものにした。会社から帰宅した夫がうれしそうに、膨らんだビニール袋を見せる。「ほら、魚」。中にはさまざまな種類の魚の鍋セットが入っていて、それだけで涙があふれ出す。

本当は、魚なんて二度と見たくなかった。あんなに好きだったのに、あいが最後は口にすることもできなくなったそれを、私が食べることなんてできない。考えただけで、胃から酸っぱいものが込み上げる。

それでも、私を喜ばせようと必死でメニューを考えたのであろう夫を前に「ありがとう」とほほ笑む。

「焼いて、あいにお供えしてもいいかな」。夫がうなずく。

小皿に取り分けた魚を、あいの骨の入った「それ」の前に置いた。

残りをビーの前に差し出すと、うれしそうにカップカップと食べて、皿までペロリときれいになめた。

この魚だったら、あいも食べられたのかな。だったらもっと早く買えばよかった——。考えても仕方のないことばかりが頭に浮かぶ。けれど、魚を見るたびに浮かぶであろう罪悪感を、今のうちに乗り越えられて良かった、とも思う。

同じ猫を、同じ家で、同じ瞬間に看取っても、私と夫の感じ方は不思議なくらいに違う。彼は、目を閉じればあいのことばかりが浮かんで涙があふれるけれど、それでも叶うなら、あいや猫たちのことだけ考えて、できれば何もしたくないという。

反対に私は、あいのことを思い出すたびにわき上がる後悔になんとか飲み込まれないよう、曇りガラスのようなフィルターで思い出にふたをする。できるなら、なんでもいいから何かをしていたい。くだらないことでいい。ひとときたりとも、何もしない時間を作りたくない。

全く違う者同士。でもだから、彼は、私を、時に救う。

それでも——。

やっぱり、食べたいという欲求はわかない。

「このまま何も食べずにいたら、死ねるかなあ」なんて、思ってしまう。

できれば、あいと同じように貧血で。

「ペットロス」とひとことで言うけれど、その原因は大きく分けると2つなんじゃないだろうか。

ひとつは、純粋に、目の前にその子がいないという、「死」がもたらす絶対的な喪失感。

そしてもうひとつは、その子にしてあげられなかったこと、してしまったことへの、行き場のない後悔。私たちは、あいの病気がわかり、その解決策が（あいが苦痛を伴うこと以外）ないとわかった時点で、あいの死を受け入れることにした。少しでもあいの「その日」までが満たされるように。もう二度と、恐怖や苦痛を味わわせずにすむように。自分たちがいずれ迎えるであろう、あいとの別離のことは頭の奥に押し込めて。だから、本当にいなくなってしまった現実を前に、今さら途方に暮れている。

そして、それほどまでにやりきったつもりなのに、小さな後悔は後から後からわいてくる。

「あれができなかった」「あんなことをしてしまった」「ああすればよかったんじゃないか」「そもそもあのとき……」

信じる特定の宗教もない私たちには、生まれ変わりも、極楽浄土もない。過去に戻ってやり直すことなど叶わない現実を背負って、いったいどこまで歩けるのだろう。

階下でビーが「オァン、オァン」と鳴いている。ごはんだ。

重い体を支えながら階段を下りると、お尻だけ高く上げて、まるで闘牛の牛のように後ろ足でカッカッと絨毯を蹴るビーの姿があった。察した私が階段の柱で顔を隠すと、「待ってました」とばかりに勢いよく駆け出して、両腕を広げて飛びついてくる。負けじと私も手を広げて抱きしめ、鼻先でビーの体中の毛を逆なでながらにおいを嗅ぐ。

この子たちは、この小さな脳みそで、一生懸命、私の心を気遣っている。

自分たちだって不安だろうに。突然消えてしまった家族の行方や、ぽっかり空いた猫団子のすき間の意味もわからず、戸惑っているだろうに。

それでも、ちゃんとごはんを食べて、トイレをして、遊ぶ……ふりをして、私を励ます。

今はまだ見習えるだけの元気はないけれど、せめて、受け止めよう。


ふいに飛び込んできたブログのコメントに、あいと同じころ、突然息ができなくなり、溺れるように苦しんで亡くなったという猫の話があった。きっと今ごろ家族の誰もが、その子と同じように溺れるような気持ちで、空気のない世界を生きていることだろう。

痛みを、喪失感を、天秤に乗せて量ることなんてできない。苦しまずに眠ったあいはしあわせだった、と、自分を慰めることほど失礼な話はない。

だけど、思い出した。

私たちは、あいの最後がなるべく苦しくないように、今回を乗り切った先に別の病気があったとしても、ただ、苦しくないように——。

それだけを願って、歩いていたんだ。

「フィナーレ」に、向かって——。

あいの姿が見えない「今」に、予想もしていなかったかのように取り乱しているけれど、これは私たちが望んだことだ。

「できたこと」を、思い出そう。

あいのために、あいが喜びそうだと、あいが楽そうだと、あの日から一生懸命考えて、私たちがやってきたこと。


夜、夫は、どれだけ体が痛くても、あいと同じリビングのソファで眠った。

床暖房の上に敷いたカーペットはできるだけスペースを大きくして、猫ベッドもそこら中に並べた。

あいは毎晩、夫と猫たちと一緒に、時には夫の顔にお尻を向けて、時にはソファの手すりで器用にバランスをとって、時には夫の顔のすぐ近くに自分の顔を寄せて、フスー……フスー……と、柔らかな寝息を奏でた。


夫が会社に出かけると、私の眠る寝室に、ほかの猫たちとともに押し寄せてくる。窓から射し込む光の中で、猫たちは日だまりを奪い合うように折り重なり、あいも丸くなる。

私が目覚めると、細い網戸にしてエアコンはつけたままの部屋で、日なたぼっこをした。

やんちゃなビーが網戸を開け、あいと猫たちがベランダに飛び出していく。コンクリートの上でゴローンゴローンと背中を擦りながら転がるあい。まだ若い青々とした猫草を、歯のない口でクチャクチャと食《は》んだ。

なるべく毎日、魚を買ってきた。

今日は刺身。今日は焼き魚。白身、赤身。それまで体のために、健康に良いドライフードしか食べていなかったあいは、いったい何のパーティーが始まったのかと思っただろう。やがて私が台所に立つたびに、いそいそと近寄り「アニャアン」と、いちばんかわいいよそいきの声で「本日のお魚」をねだるようになった。

缶詰だって食べ放題。ブログを読んだ方から送ってもらった色とりどりの缶詰を前に、「今日はどれにする?」とあいと悩む。どれを食べても、あいは世界一のごちそうであるかのように目を輝かせ、食べた後は満足そうに顔を洗っていた。

やはりブログ読者の方にプレゼントしてもらったフカフカのクッションを、あいは大いに気に入った。もとはノラ猫だったくせに、あいは柔らかい場所や、高級な手ざわりが大好きだ。まあるいクッションに、母猫のおなかに転がる子猫のようにうずもれる。

差し出された私の指から、生クリームをペチペチと好きなだけなめるあいは、絵に描いたようなお姫さまだ。……ちょっと太めの。

点滴をしてもらった日は、一瞬ではあったけど、元気になった。

食べられなかったお魚も少しだけど自分からうれしそうに口に運んだし、夜には、まるで健康な猫のようにテッテテッテテと階段を上り、奥の部屋まで走り込み、夫の上着にかくれんぼするように潜り込んだ。

「その日」の前日、祝日で会社が休みだった夫と一緒に、リビングのソファの上で朝日を浴びながら、静かに窓の外を見つめていた。

すると、猫の額ほどの庭にノラ猫がやってきて、あいに向かって親しげに鳴いた。あいは不思議そうにそれを見つめ、「あれ、だあれ?」とばかりに、夫を振り返る。ぽかんとした、ちょっとまぬけな、でも力強いまなざし。

夫は、その一部始終を壊れかけのビデオカメラで撮影してくれていて、後から見た私は驚いた。お日さまとヒーターのぬくもりに包まれた柔らかな表情のあいは、病気だなんて思えない。頭をなでられ、気持ち良さそうにあごを上げる。夫はあいに言われたとおりにのどをなで、頬をなで、そのまま背へ、やさしく、やさしく、包み込むように手のひらを添わせた。

手を温めてから、なでられるのが好きだった。

3日前に発見した砂糖水が、意外と好きだった。

大きな布が、ふぁさ、と舞うのが好きだった。

グルーミングのへたくそなビーに顔をしかめながら、それでもなめられるのが好きだった。

若い猫たちがおもちゃではしゃぐど真ん中に、空気も読まず突進していくのが好きだった。

人間のおなかの上に乗って眠るのが好きだった。

あい、と名前を呼ばれるのが好きだった。

あいは、たぶん、私たちのことが、大好きだった。


一緒にお風呂に入り、私が髪の毛を洗っていると、思い出したように夫が口を開いた。

「俺、ちょうど使ってなかった代休が3日あったわ。だから、あの日から3日間休みをもらったけど、それでちょうどだったみたい」

「あいが、選んだんじゃない？　家族のいる日にしたいけど、日曜日まではもちそうにないから、えい、今だっ……て」

「……そうかも」

「あの子、そういう力、強いから」

私が微笑《わら》う。夫はどこを見るでもなくまなざしを泳がせ、

「自分のためにっていうより、セリのためにだろうな。もし、1日しか休みのない日に逝ってしまったら、セリが耐えられないからって……」。

「そんなの……」

頭からシャワーをかぶって、あふれかけた涙を流した。

「……私は、私のことなんて気遣ってくれなくていいから、あいがしたいようにしてほしかったよ……」

「うん……」

「でも、私もずっと、私のことより、あいのことばかり考えて過ごしてきたから、お互いさまなのかな。お互いに、自分のことより相手のことを気にしてきたなんて、ちょっと、すごいよね」

えへへ、と笑ってみたものの、鼻水がとめどなく流れて、もう一度、顔を洗うための石鹸を手に取った。


今夜も、寛解中とはいえがんを患っているビーに、薬を飲ませる。ビーが寝起きだったせいか、私の気がついそれたのか、のどの奥にするりと滑らせるはずだった苦い薬は、的を外してビーの舌にふれた。必死で唾液とともに錠剤を吐き出すビー。私はビーを押さえ込んだまま転がった錠剤を拾い、もう一度口に放り込む。またもや失敗。結局5回くらい繰り返し、根負けしたビーがなんとか薬を飲み込んだ。間髪入れず、免疫アップの液状サプリも流し込む。

「ごめんね、えらかったね」。ささやいて頭をなで、シリンジを洗うために台所に向かった。ため息がこぼれる。

これからもビーは、一生こうして薬を飲まなくてはならない。「その日」が来るまで。あいもそうしていたように……。

果たして、それはどれほどのストレスになるのだろう。

しかし、台所から戻ってみると、ビーは不愉快そうな顔はしていたものの、とりたてて私から逃げることもなく、「がんばった俺を褒めてくれ」と言わんばかりに、さっきと同じ場所であごをくいっと上げていた。

なんだ、こんなものだったんだ――……。

目の前をおおっていたどろどろとした膜がはがれるように、視界が開く。

あいに薬や水を飲ませ続けたことが、ずっと心に引っかかっていた。日がたてばたつほど、それがあいにストレスと恐怖を与えていたのだと、首を振り激しく嫌がるあいの顔が脳裏から離れなかった。だけど――。

きっと、こんなもの、だったんだ。

お湯で温めた手でビーのおでこをなでてやると、少し残った水分が猫の舌の感触に似ていたのか、気持ち良さそうに目を細め、今度は頬をなでろと要求する。つられて私の頬もゆるむ。

猫は、しあわせ上手だ。

過ぎ去った過去にいつまでもとらわれたり、まだ見ぬ未来におびえたりしない。

ただ目の前にある「今」に、全身全霊、満たされる。

体中、がんだらけになっていたあいが、ベッドの上の日だまりでくつろぐことしかできない自分を、当たり前に受け入れていたように。

2009年12月30日

精神安定剤を飲まずに目覚めた日。

いつもより頭が重い。だけど「起きたー」と声を出せば、年末休みの夫がやってきて、背中をさすってくれるしあわせ。

体を起こすと、一切の薬が抜けるほど眠ったはずなのに、なぜかふらつく。不安になって、昨夜、錯乱して薬を飲んだんじゃないかと夫に問うが、飲んでいないらしい。

「何も食べてないから、元気が出ないんじゃない？」

言われて、ああ、と曖昧《あいまい》にうなずく。

ここ3日ほど、私は固形物を口にしていなかった。食欲がないというのもあるけれど、そうすることで少しでも罪滅ぼしができたような気分になるのは、センチメンタリズムでもなんでもない。ただの「自傷」だ。

こんなことを、あいは望んでいない。私を大切に思う人たちだってみんな。わかっている。

だけど今は、こんな些細な自傷もどきの行為ででも、バランスを取ることを許してほしい。鈍感な私は、自分の心の傷を形にしなければ、いつまでも傷に気づかないまま、パラパラとそこからはがれ落ちてしまうから。


食べること。

生きること。

命をつなぐこと。


今の私は、まだ、その大切さを頭でしかわからない。

それどころか、体は、心は、否定し続けている。

それでも、夫がいるから昼食を作る。年末が来るからおせちを作る。猫が鳴くからフードを入れる。

私は、今、生かされている。


窓を開けると、思いのほかやさしい風が髪をゆすった。

あいの病院に行ったころは、あんなにも雪がちらついていたのに、今年は暖冬になるのだろうか。

ぬるいお湯でしぼったタオルで、くすんだ窓をキュッキュとこすると、だんだん視界が明らかになる。

だけど私のまなざしの中には、青い空とは別のものがずっとある。

あいが、ここにいない。

大掃除をしているのに、あいがいない。

廊下を歩いているのに、あいがいない。

テレビを見ているのに、あいがいない。

ほかの猫はみんなそろっているのに、あいだけが、いない。

「亡くなった子も四十九日のあいだはそばにいる」と何かで読んだ。じゃあ、50日目には？

無宗教なのに怖くなる。骨は土に還さなきゃ成仏できない。骨壷を枕元に置いて寝るのはおかしい。

亡くなった猫にいつまでもしがみついてちゃいけない。気持ちを切り替えて。前を向いて。笑顔になって。じゃないと、あいが、悲しむ――……。

無邪気な一般論たちに飲み込まれそうになる。

幼いころからそうだった。他人と違う感覚を「セリちゃん、変」と笑われたくなくて、目立ちたくなくて、枠にはまろうとして、でもはまれなくて――。

やがて心の病気になった。

そんな私に、「病気」も「人と同じになれないこと」も、「ハンデ」じゃなくて「個性」なのだと教えてくれたのは、ほかでもない、病気という大きなハンデを背負ったあいだった。

「私らしく」て、いい。

世間に白い目で見られようと、後ろ指をさされようと、自分が自分で決めた「フィナーレ」を、受け止めるしかないんだ。

ようやく、息ができた。

今日も食事をとらない私の横で、掃除機をかけ終えた夫がクリームスパゲティーをほおばる。

「やっぱり今日も食べられそうにない？」と聞く夫に、「うん……」と答え、「こういうのは、心配？」と、ずっと気になっていたことをたずねてみた。

夫は、うーん、と少し考えると、

「あいは、どうして食べられないのかわからなかったから、すごく心配もしたし、つらかったけど、セリは、こうしてわかることができるから、それほどでもない」。

その言葉に安堵し、この人と一緒にこの時を迎えられてよかったな、と心から思う。

少しずつ気づいてきた。私のこれは、たぶん、あいのまねをしているのだと思う。

自傷というよりも、こうして食べものを食べずに、少し頭がふらふらするけれど歩けるし、風が吹けば気持ちいいし、目の前で彼がスパゲッティーを吸い込む音を立てているのを聞くのは心地いいし……。

そんなふうに、あいも、そうであったなら――。そう、思いたいのだと思う。

食事を終えた後、今日は一日中大掃除の予定だというのに、夫が「食べすぎた」と言ってソファに寝転がり、すやすやと寝息を立て始めた。私は、吹き抜けに洗濯物を干しながら、その光景をなんとはなしに見下ろす。

昔の私なら激怒してしまうような、スケジュールに沿わない風景。だけど今は、そういう人が目の前にいることに救われる。

きっと、あいもそうだったろう。必死に薬を飲ませたり、あいに心配をかけるほど切羽詰まった顔で

「やるべきこと」に追われていた私だけじゃなく、同じ温度の寝息を立てる自然体の夫がいて、その姿を横目にまどろむ時間は、あいにとって「安心」そのものだったのじゃないかな。

気がつけば、ほかの猫たちもそれぞれのスケジュールを終え、各々のお気に入りの場所で昼寝を始めた。年の瀬だっていうのに。

だけど、それでいい。

眠る年の瀬。

働く年の瀬。

ゆるやかな時間にたゆたう人。

慌ただしい時間を走る人。

誰かと比べるものじゃない。

比べて「自分はだめなんじゃないか」と、不安に思うことはない。


絞ったぬるい雑巾を片手に、窓の桟によいしょと飛び乗り、腰かけた。あまり入ることのない奥の部屋から見える景色はいつも新鮮だ。遠く続く枯れ野の中に、鉄塔がぽつんと立っている。手前には、刈り入れが済んだ休耕期の田んぼ。ぼうず頭のような茶色い風景がはるかかなたまで見渡せた。

あいは、この景色を見たのかなあ。猫は目が悪いというけれど、あいの目にはどんなふうに映っていたのかなあ。

ふと見ると、枯れ野を囲むように鉄骨が組まれていた。住宅地か、工場でも建つのだろうか。

こうして、きっと世界はみるみるうちに変わっていく。

窓の外も。家の中も。どれだけ今を留めようとしても、きっと。

そしていつしか、変わってしまったことすら忘れてしまって、当たり前のように、あいのいないこの部屋を見渡す日が来るのだろうか。

すべての窓を拭き終え、ふーう、と長い息を吐いたら、半開きにしてあった窓の外から、パラパラと雨の音が聞こえた。

透明になったばかりの窓たちに、雨粒は次々にぶつかる。さっきまでの私の苦労をちゃかすように、「そんなもんだよ」と諭すかのように降り続き、やがて、みぞれになった。

2009年12月31日

暖房の熱気で曇った窓ガラスを服の袖でこすって、朝、まだ薄暗い空を見た。寒いとはいえ、想像ほどじゃない。おせちが傷まないよう家中の窓を開け放して、昨日のうちに作っておいた煮しめに火を通す。
そういえば——と思い出す。
5年前の今日、まだあいを祖母のアパートに隔離生活をさせていたころに書いた日記があった。

大みそか。
朝っぱらから大掃除やおせち作りに追われる私は、
彼からの報告の電話でしか、
あいの様子を知ることができない。

あいを好きで好きで、もう手放したくないと思う気持ちと、
いつもどんな時でも、あいを守れる人が
早く現れてほしいと思う願いが、

ぐつぐつつぶやく鍋の中、ぽとりとこぼれる。

年越しの夜も、何もないただの日常も……。

あの子を包むやさしい手と、明くる年には出会えますように。

それから半年後、あいは我が家の家族になり、特別な日も、何もないただの日常も、ずっと私たちのそばにいた。

4回一緒に体験した大みそかのことは、慌ただしくて、あまり覚えていない。だけどいつも当然のように私はおせちを作り、夜はリビングで紅白歌合戦を見て、午前0時になるとともに、夫の構えるハンディカムビデオに向かって、猫たちと一緒に満面に笑った。

今年の春は、ビーのがんがわかって絶望し、だけど抗がん剤治療が思いのほかうまく行き、秋には先生に「寛解」のお墨付きをもらった。あいも変わらず元気そうで、夫の仕事も私の仕事も、生きがいである書き物も安定して行えていた。そのころ、私は毎日、ひとりごちていた。

「私、今、しあわせだなあ。生きてきたなかで苦しいこともあったけど、今、ほかに何もいらないくらい、しあわせだなあ……」

そんな私を見届けて、あいは「もう大丈夫」だと、思ったの――……?

本当は体を起こす気力がないほど、心はからっぽだったけど、今年も私は変わらずおせちを作る。海老の殻をむき、さつまいもを裏ごしし、一晩置いておいた煮しめの味を見る――ことで、私の胃に否応なしに食べものが運ばれる。おいしさも満腹感も今はまだ感じないけれど、空っぽのおなかに、ぼたん雪のようにもったりとしたそれらが、ゆっくりと積もってゆく。

やがて目覚めた夫が、がたがたと掃除機を引っ張り出す音が聞こえる。慌ててこたつの中に逃げ込む猫たち。「こたつ布団どうしよう」と2階から彼が叫び、「適当にしてー」と私が答える。

涙を流す暇なんてない。

そんなふうになる私たちを見越して、あいは、あの日を選んだの？　だったら――。

「なめんなよ」と、言いたい。

どんなに忙しくたって、掃除機をかけるたびに「あいが怖がりやしないか」という思いが頭をかすめるし、洗い立てのソファカバーをかければ、目を輝かして潜り込むあいが、見える。鮮明に。

魚用グリルで、さわらの西京焼きの味噌が焦げるにおいがした。掃除機に追われながらもわくわくして集まってきた猫たちに、「ああ、もう」とてんやわんやになるたび、あいがいればいいと、思う。

「みんな、そっち行ったー？」と聞く夫に、「みんないるよー」と言った後で込み上げる、やりきれない違和感。

だから、この慌ただしさが過ぎ去ったって、忘れるわけがない。

忘れられない、絶対に。

だけど、あいが望むなら……この寂しさも苦しさも、体がばらばらになってしまいそうなほどの胸の痛みも、そして、あの雨上がりの夕暮れの泣けるほどの美しさも、同じように受け止めるよ。

最低で、どん底だった私を、あの日、あいが受け入れた。
生きていていい――と。
どんなことだって、なるようになるし、
どんなことも結局、なるようにしかならない。
だから、
そのままで、いいんだと。

深夜0時。

新しい年が明けると同時に、私たちは4年ぶりに、昔住んでいたハイツの近所の神社にお参りに行った。あのときよりも暖かく感じるのは、完璧すぎるほどの防寒対策のせいだろうか。それともこれが温暖化というやつなんだろうか。

5年前の今日は、大雪が降っていた。それでも「寒い寒い」と文句を言いながら初詣に出かけたのは、その後、あいのアパートに行く口実が欲しかったから。

真夜中、あい1匹だけのアパートは当然だけど真っ暗で、つけっぱなしにしているエアコンの音だけが、シューシューと寂しく響いていた。

まだ子猫ほどの大きさしかなかった当時のあいは、思いがけない時間の来訪に目を丸くしながら、だけどすぐにうれしそうに表情を輝かせ、ビニール袋に入ったコンビニのフライドチキンを奪おうと、私の腕にガシガシと上ってきた。

近所迷惑にならないようにと電気を消したままの真っ暗な部屋。しんしんと音もなく降る雪。途方に暮れるほど静かだった。

思えば、あのときから私は、あいと一緒に暮らしたいと思っていたのかもしれないな。


忘れない。

たとえ、忘れたほうが未来へ進みやすい記憶だとしても――。

忘れることで、人は生きていけるのだとしても――。


忘れない。

あなたが、
しあわせだったこと。
そして、わたしも、

しあわせだったこと。
背中に、今も、喪失がある。
「あいがいない」のじゃなくて、「あいがいない」が、ここにある。
背負いながら――やがて、しみ込んでいくのだろう。

ブログ読者の方のコメント

「クリスマスの穏やかな日に、あいちゃんは、ちょっと長いうたたねを、してるんだと思う」

「あいちゃんが好きです。とっても、今でも好きです」

「命の大切さ教えてくれた……生きることのすべを教えてくれた、あいちゃん、セリさん。この先もずっと〝ちいさなチカラ〟大切にしたいですね」

「私にも幸せな絆がつながったような気がしました」

「この5年と10日の間、きっとあいちゃんは、とってもとってもやさしくて、あたたかな〝あい〟に包まれて過ごしてこれたのでは感じます。出逢うべくして出逢ったお二人。素敵な出逢いですね」

「あいちゃんは、セリさんに生きる勇気をくれました。あいちゃんは、最後に、乗り越える試練を残していったのかも知れません」

「あいちゃん、大好きでした。いいえ、『でした』じゃなくて今も大好きです。前向きになれました。荒んで生きづらかった自分が優しくなれました。あいちゃん、暖かい気持ちと優しい部分を気付かせてくれてありがとう。涙の代わりに心からのありがとうの気持ちをあいちゃんに捧げます」

「みんなが誰かを支え合って生きています」

「セリさんとあいちゃんは、私にとって、ちいさなチカラではなく、とても、大きなチカラです」

「セリさんがあいちゃんを保護した日の日記。今でもよく覚えてます。更新がなければ、心配になりました。でも、大丈夫。セリさんもあいちゃんも、きっと元気。そう信じて、次の更新を待ってました。そして、あいちゃんの我が子宣言に、嬉し涙が止まりませんでした。セリさん有難う。あいちゃんに会わせてくれて。あいちゃん有難う。セリさんに会わせてくれて」

「あなたはたくさんのエイズ・白血病の子達、そしてその子のパパ、ママ達にたくさんの勇気をくれました。悲しいけど、あなたは絶対幸せでした。たくさんの人すらも幸せにしてくれました。改めて……ありがとう」

「悲しくて寂しいのに、とても暖かい。あいちゃん流のお別れ。クリスマスイブなんてカッコイイよ。だからイブがくるたび絶対に忘れない。愛ちゃんのこと」

「セリさんとあいちゃんで、本当に良かった。セリさんとあいちゃんじゃなきゃだめだったから」

「あいちゃん、この世はきれいだったね。この世はしあわせだったね。だいすきだよ」

「あいちゃん、あいちゃん……ありがとう。本当にありがとうね。あいちゃんの生きる力にどれだけ励まされ、あいちゃんのごきげんさんな毎日にどれだけ癒されてきたか分かりません。安らかな天使の寝顔、あいちゃんは本当に親孝行な優しい子。ゆっくりとぐっすりおねんねしててね。私も、そしてみんなみんなちゃ〜んと後から行くから待っててね」

「このブログの愛情が私の心を暖かくしてくれました」

「あいちゃん、大好きだよずっと忘れないよ。生まれてきてくれて、出会ってくれてありがとう。おやすみあいちゃん。またね……　ゴメンナサイ　やっぱ涙が止まらないや……」

「小さな体で、病気を背負って、世の中に小さな命も平等であること、動物さん達に人間はたくさん、癒されていることを世の中に訴えてくれて、なんて、あいちゃん、すごいんだろうと思います」

「あいちゃんが救ってくれて、繋げてくれたセリさんの人生。頑張らなくても、一生懸命じゃなくてもいいから、どうか大事にしてください。心から愛し愛される相手に出逢えた事は本当に幸せな事で、それだけで生まれた意味がある気がします。いつか、セリさんが元気になった時、セリさんと同じ思いで悲しんでる人と会ったら寄り添ってあげる事ができるかと思います。あいちゃんとセリさんがお互いを救ったように……」

「セリさんやあいちゃんたちに本当にいろんなことを教えてもらいました」

「あいちゃんの幸せそうな顔しか浮かばないのはあいちゃんが幸せだったからですね」

「家族が勇気を持って、本当の幸せを考えて看取れば、こんなに穏やかな旅立ちがあるのだと……本当に奇跡を見た思いです」

「アイちゃんとセリさんに出会うまで、私は猫エイズや白血病といった病気をよく知らないままに避けていました。ですが、アイちゃんとセリさんの毎日をブログで読んでいく中で、そういった偏見を取り除いて余りある可能性を知ることが出来ました。おかげで我が家に迎えた4匹目は血液検査をしていない状態で保護団体から迎えましたが、かかりつけ付けの病院に連れて行った際に、先生より『もし猫エイズや白血病だったらどうしますか』と聞かれた際にも『他の3匹にワクチンを接種することにしますから、その時は宜しくお願いします』と落ち着いて対応することが出来ました。血液検査の結果は両方とも陰性でしたが、もし陽性だったとしても、未来への安心と希望を持ち続けたままで今後の予定を先生と相談したと思います。うちの子以外でも、アイちゃんとセリさんのおかげで多くのそういった猫たちの未来が明るく幸あるものになったのではと思ってやみません。アイちゃんの愛がこれからもたくさんの猫達を包み照らしてくれるように思います。アイちゃんご苦労様。そしてありがとう」

「アイのある人の周りにはアイが集まる。だからここに来たくなります。大好きなアイちゃんに会いに。セリさん、旦那さん、ビー君、ぴょんちゃん、ヒナちゃんに会いに。また来ます」

「なんだか、あいちゃんの最期、天国へ旅立つ様子がさわやかで、心の中がす〜っと春風のように、爽やかな思いで拝見させていただきました。セリさんが上手に悲しませないように配慮して下さったんですね」

「あいちゃんの優しく穏やかな笑顔に出会うとき……私達も、にっこり、そうだよねって笑顔になれますね。たくさんの、かわいいあいちゃんの表情に逢えて、ほんとうにありがとうございました」

「ともすれば、後悔の気持ちが頭をもたげることもおありかと思いますが、セリさんも私も、生きることが苦しくて投げ出したいと思った時期に『我が子のような、親友のような、半身のような』相棒に出会えたことが、とても幸せでありがたいことですよね」

「あいちゃんのひたむきに『生きる姿』、そしてそこに『寄り添う』セリさんの姿に心救われたのです。本当に今までたくさんの勇気と希望をありがとうございました。愛する家族を失った悲しみは大きく、その悲しみの思いが癒えるまで長い時間がかかるかと思いますが、どうかセリさんもダンナ様も体調など崩されませんようご自愛くださいませ」

「セリさん達と逢うまでが、第1の人生。セリさん達と過ごした日々が、第2の人生。身体とお別れしたけど、セリさん達と新たに過ごす第3の人生が始まったんだと思います」

「涙が流れました。でも、その涙は哀しみの涙でなく、あいちゃんに逢えた楽しさと嬉しさの涙です。セリさんの愛情が注がれた沢山の画像に、あいちゃんを思う気持ちが伝わります。セリさんからの沢山の愛情を注がれたあいちゃん、幸せに満ち溢れ、また誇らしげにも見えます」

「あいちゃんは本当に本当に幸せでしたよ。そして、これまで守り支えてきたセリさんの『ダイジョウブ』を見届けて旅立ったのだと思います。月日でいえば5年10日かもしれません……でも、かけがえのないステキな一生を過ごせたことはあいちゃんのどの顔を見てもあらわれていますよ‼」

「あいちゃん、苦しまずに天使になったんですね。ビー君が教えてくれたんですね。あいちゃんらしい、穏やかな最後だったと思います」

「時がたって、セリさんの中のあいちゃんをまた本にしてください。心待ちにしています。私たちの中にもあいちゃんが生き生きと生きづいているような本を」

「私達もあいちゃんの姿が見えないのは淋しくて仕方ありません。それでも、あいちゃんと出会ってから……あいちゃんから頂いた希望は本当に気持ちの支えになり、ウチのニャンズにあいちゃんの生きた証を伝承していきたいと思っています。みんなが大切なあいちゃんの家族」

「大事なものをなくしたときってみんな同じ気持ちでしょうね。リビングのいつも見えるところにお骨おいていきます。ほんとさみしいですね」

「ゆっくり、ゆっくり、でいいですよ。少しずつ、少しずつ、行きましょうね」

「いきなり気持ちを切り替えるのってすごく大変な事ですよね……わたしも未だに夏に旅立った愛猫が忘れられません」

「私も16年一緒に生活をしてきた犬を亡くしたとき、時間がかかりました。頭では理解できても、心がついていきませんでした。なぜここにいないんだろう、何で触れられないんだろう、そんな日々でした。この子の思い出を笑顔で話せるようになるには何年もかかりました。だからセリさんも、ゆっくりゆっくり……」

「セリさん。今はへろへろでもいいです。でも生きよう！　みんなと一緒に生きよう！　小さな力でもみんな合わせれば大きな力になります」

「想いが行ったり来たり。ただ、ひたすらこの手に抱きたい。想いはきっと永遠ですね。私も今でも毎日、『帰っておいで』と語りかけてしまいます」

「うちでも一緒にいた子が虹の橋を渡った時、私の気持ちを救ってくれたのは、他の猫でした。そして、母が亡くなった時も助けてくれたのは、やはり今うちにいるちび達でした。本当に救ってくれますよね」

「みんな、あいちゃんを愛していた。いなくなっても愛することはかわらない」

「セリさんの書籍を読んでから、毎日ブログを見に来ていました」

「家族なんですよね。人間は悲しみを表現出来るすべはあるけれど猫にはひとつしかない。行動であらわすことしかない……。同じ爆弾を抱えるビークンはなおさらあいちゃんの存在が大きいものだったのでしょう。だからこそいとおしい……。だからこそ、そばに居てあげて欲しいです。同じ家族ですもの。悲しみを分け合う家族ですもの」

「『人は何のために生きるのか……』これは永遠の命題です。私も答えが見つからず、猫を頼りに生きようとしたら、その猫まで失い、絶叫したことがあります。それでも……生きなければなりません。生きることは時として厳しいことだけれど、それでも最期まで投げ出さずに生き抜くことが答えなのだと言い聞かせております」

「あいちゃんのことはこれからもずっとずっとずっと忘れません」

「まぁるい手、先がとがっていない尻尾、赤色がかった毛、どれを見ても、あいちゃんを思い出します。あいちゃんが、動いていないなんて、まだ、信じられない気持ちです」

「あいちゃんは、もう自分から立ち上がって伝えることが出来なかったから、最後にみんなに気づいて貰えた時、苦しい中にもとっても嬉しかったと思います」

「もう一度大好きなお顔を見ながら、だっこされながら眠りにつくことが出来て。さよなら言うことができて嬉しかったと思います。それがあの時のあいちゃんの一番の望みだったのではと思います。あいちゃんへの（そしてご家族への）神様からのクリスマスプレゼントだったのかなと感じました」

「あいちゃん…あいちゃん…あいちゃん…しあわせだったね…今までありがとね……」

「あいちゃん、いっぱいの愛をありがとう。『ちいさなチカラ』に、あいちゃんに出逢えたことに感謝です。ずっと忘れない、ずっと大好きだよ」

「あいちゃん、ありがとう。あいちゃん、ありがとう。まるまるお目目がかわいっくてちいさな体でけな気で愛おしいあいちゃん。これからもずっとずっと大好き。セリさんと過ごした日々、楽しかったね。幸せだったね。まばたきは、愛情表現のキスってどこかで言ってたっけ。あいちゃん、最後にキスできてよかったね」

「あの日、本屋さんで出会ったあいちゃんとセリさんの本。ダーリンと一緒に手に取ってからもう何年経つのでしょうか。元気なあいちゃんに励まされ私もいっぱい頑張れたんだよ！　ほんとうありがとう」

「あいちゃんの突き出た歯、ピンクのベロ、大きなお目目。そして、窓辺で風に吹かれ柔らかい光に包まれる姿。力強い目。大好きだったよ。立派な家猫あいちゃん。忘れないよ」

「あいちゃん、あいちゃん、ありがとう。うちの子の病気で心が折れそうな時に勇気と元気をくれて。私に力をくれて。あいちゃん、あいちゃん、何度も言うねありがとうね。ゆっくりと眠ってください。今日も言うね。あいちゃん、じゃ、また明日ネ」

「あいちゃんにはたくさんたくさん勇気をもらいました。この病気をよくしらない方もたくさんいます。そんななか一生懸命生きてみんなに大切なことを教えてくれましたね。本当に感謝でいっぱいです」

「冷たい路上で心細い思いをしていたあいちゃんがつかんだ幸せは、きっととてもとてもあたたかかったよね」

「どうしても、君たちは先に歳をとってしまうから。でも、それは、ほんのちょっとだよ。すぐに、おいつくから。まっててね。またね」

「病気が憎らしい。でも、あいちゃんも私が見送った仔達も、幸せであったと、自信を持って言える自分でいたいです」

「Mele Kalikimaka. Merry Christmas. and I love you so.」

「あいちゃん　あいちゃん　ありがとう　ありがとう　ありがとう　今までも、これからも……ずっと大好きだよ　ずっと　ずっと　ずっと　一緒だよ」

「涙が止まらないです。あいちゃん、実際に会った事はないけど、私はあいちゃんが本当に大好きです。いえ、お互いを愛し合いながら優しく一生懸命生きているセリさん一家がみんな大好きです」

「生まれてきてくれて。セリさんと出逢ってくれて。どうもありがとうね。ずっと忘れないよ。あいちゃんが生きてた事。ずっとずっと大好きだからね★　行ってらっしゃい。また逢おうね」

「毎年忘れることなくこれからは、クリスマスイヴではなく『あいの日』を迎えることになりますね」

「涙がとまりませんが、とても温かい気持ちもあふれてきます。すてきな猫生を伝えてくださって、ありがとうございます」

「あいちゃんから生きる強さを教えてもらったよ。ありがとね。覚悟はしていたけど、淋しいよ」

「あなたがセリさんにめぐり合えた奇跡を、ずっとこのブログを通して読ませていただいてました。生きているという奇跡。この大切さを気付かせてくれた、あなたに本当に感謝しています」

「お別れはとても悲しいけれど、あいちゃんらしいハッピーエンドなような気がしました」

「あいちゃん、あいちゃん、いつもと変わらない日常のなかで穏やかに旅立つことができてよかったね」

「あいちゃん、ありがとう。あなたには、いっぱい……いっぱいのチカラをもらったよ。ゆっくりしてね」

「あいちゃん、最高のフィナーレをありがとうございます。あなたには本当に『ちいさなチカラ』だけど何よりも大きな『生きるチカラ』をいただきました。本当に本当にありがとう。ゆっくりゆっくりねんねしてくださいね。悲しいけれど、寂しいけれど、だけど、あいちゃんは旦那様の腕の中で、セリさんに見守られ、ビー君の愛を感じながら……『おだやかに』との願いが叶い、とっても幸せなクリスマスプレゼントを貰ったんですね」

「涙が止まらなくて号泣だけど、悲しいだけの涙じゃありません。今までたくさんの勇気と元気をもらいました。うちのエイズキャリア、白血病キャリアの子達と毎日、笑って暮らしていけているのもあいちゃんのお陰です」

「愛のあふれる『ちいさなチカラ』に出会えた事は、私に起きた奇跡の一つだと感謝しています」

「愛の溢れたクリスマスの日に天使になって旅立ったあいちゃん……悲しいのに心がポッと暖かくなるようなセリさんのお話に、ほんとうにあいちゃんらしいフィナーレだなって思いました。愛する家族に抱かれて愛するおうちで静かに眠りについたあいちゃん、幸せでしたね」

「あいちゃん、本当にありがとう。私はあいちゃんにたくさんの『愛』をいただきました。」

「あいをありがとう。愛をありがとう、この気持ちを思い出させてくれて本当にありがとう」

「セリさん、ごめんなさい。言葉が出てきません。一緒に泣きましょう。でもとっても悲しいのに、ものすごく暖かい気持ちでいっぱいです。セリさん、ありがとう……」

「いつも、お世話になっている獣医さんのところでセリさんの書籍を拝見してから、こちらに伺うようになりました」

「あいちゃんは私のポッキリと折れた心にポッとお花を咲かせてくれました。ありがとう。本当にありがとう」

「私の元にも今、白血病の子猫がいます。早く帰ってたくさん抱きしめてあげたいです」

「今までありがとうね。あいちゃんのおかげで毎日を楽しく過ごせたよ。ありがとう。ありがとう。ありがとう。何度言っても言い足りないけど、これからもゴキゲンさんでいて下さい。ゆっくりねんねしてね」

「すごいね、こんな最期があるなんて……あいちゃんらしい、というかなんというかもう感服するしかない。私も頑張るね、どれぐらいの時間がのこっているのかは誰にもわからない、悔いの残らない、よい闘病を続けたいと思います」

エピローグ

その連絡を受けたとき、私と母と夫は、我が家で私の作った手抜きパスタを食べていた。

初めて、「永眠」をした後のあいに、母が会いにきてくれた日。

それまでも何度も母は「じゃあ、今日、お邪魔するね」と約束してくれていたのだけど、あれ以来私は、情けないほど人と会うことに不安感を抱いてしまうようになっていた。いちばんお礼を言いたい獣医さんにも、こんなに身近な母にすら、いざ会うとなると脳内がパニック状態に陥って、結局約束の延期ばかりを繰り返していた。

だから――。

その日、とくに決めていたわけでもなかったのに、たまたま電話しながらの流れで「お母さん、今日、うち来られる?」と私が言ったのが、今でも不思議で仕方ない。

「大丈夫なの? 無理したらだめだよ」と私以上に不安げにする母に、「リハビリしてみたいから」と、なかば強引に約束を取り付けて、母は夕方、我が家にやって来た。

遠方に住む伯父から母の携帯電話に連絡が入り、「以前、あいを隔離生活させていた、今は無人の祖母のアパートに空き巣が入ったかもしれない」ことを知った私たちは、すぐさま警察に電話をかけた。アパートのご近所の方が、窓が開きっぱなしになっているのを見て、伯父に伝えてくれたらしい。

5年前、半年間通い続けた懐かしいアパートの扉を開くと、もう動物のにおいのかけらすらなくて、3人分の靴を脱ぐとぎゅうぎゅうになるほど狭い玄関には、放り込まれたダイレクトメールが散乱していた。警官にうながされ、電気のブレーカーを上げる。パッ、とあたりは白くなるが、視界がはっきりしたぶんだけ、長年物置としてしか使われていなかったその部屋のわびしさに、胸が締めつけられた。

「こういうの、片づけるなり、捨てるなりしてしまったほうがいいですよ。また狙われる可能性があるから」

警官が、敷きっぱなしにしてあったベッドの上の毛布と掛け布団を指さす。空き巣が荒らしたせいだろう、一部分だけがこんもりと膨らんでいるが、そこに、ひょこんといたずらっぽいまなざしで飛び出してくる、あいはいいない。

警官への説明が支離滅裂になってきた母の左腕を、抱きしめるようにそっと取った。母はハッとなったように左半身の力を抜き、小さく息を吸って、やっぱり支離滅裂ながらも、ぽつり、ぽつり、言葉を警官に伝えていく。

これで少しでも母の震えが収まればいい。もし私も母と同じように震えていたとしても、「ひとりじゃない」——それだけが伝われば、いい。

そのために今日、あいは、母をうちに呼んだんでしょう——?

祖母が施設に入居してから、もう10年近くがたつ。正直、もう一度家に帰ってこられる可能性はないだろう。それでも「生きているうちは」と、母は家具や祖母の持ちものを整理することをかたくなに拒み続けていた。しかし、この事件を受けて「これにも何か意味があるのかもしれない」と、祖母がためていた膨大な量のそれらを、片づけていくことに決めた。

必要なものと、

必要でないものに。

おそらく空き巣にとってはどれひとつ「いらないもの」だったのだろう。荒らされるだけ荒らされた、台風の後のような部屋の隅々にふれながら、母は、祖母のためていた思い出に向き合う。建て付けの悪い引き出しの奥には、私や母の写真もいっぱいあって、その中に1枚の紙切れを見つけた。小学校しか出ていない祖母が、カタカナ混じりの拙《つたな》い文字で、しかし、一文字、一文字、丁寧に書き綴ったことば。

おそうしきは　シッソ　でいいです

祖母は、「生き終わり」を、見つめていたのだ。

ずいぶん前から、たったひとりで。

なぜ、生きるのか。私は、今もまだ、その答えを見つけ出せずにいる。

やがては死ぬのに、生まれる命。

いつかは別れる日が来るのに、出会わなければいけない、かけがえのない存在。

それでも――。

ふと向き合った鏡に映る自分の瞳に、あいと同じまなざしを見つける。

すべてを投げ出したいと掻きむしった心の奥に、あいとともに積み重ねてきた日々が、思いが、ふたりを心から心配してくれる人たちが浮かぶ。

だから――

生きてみよう、と思う。

明日はわからなくても、せめて、今日、一日。


数日後、出産予定日を大幅に過ぎた友人から、「生まれました」のメールが入った。

過期産にもかかわらず低体重であった赤ん坊は、さらに、かつての友人と同じ先天性の障がいを抱えて、この世に降り立ったという。

彼女は言った。

「この子が、もともと何かしらの障がいを抱えて生まれる運命だったのなら、それが私のもとでよかった。同じ経験を持つ私だから、ためらうことなく愛せるよ」

あいが、私を救ったように——。
きっとその子は、かつて障がいに傷ついたことのある友人の心を救うことになるだろう。そして彼女はその子の人生を支え、守り、救い続け、そんな家族の深いきずなに救われる人たちが、この世界中に、いっぱいいいる。

そうして、命はリレーする。

悲しみを、乗り越えられないままでも。
死にたい、と、思ってしまう日があっても。

生きている。

くたくたに疲れて、私は今日もベッドに入る。
枕元には、あいの骨が入った「それ」。
「おやすみ」と言った。
明日、「おはよう」を言うために。

グリーフワーク——生き終わりと、ともに生きる人たちへ

あいが、その瞳を閉じてから、8か月が過ぎた。
冬、冷たい風にゆすられていた裸木たちは、いつの間にかその葉を青々と茂らせて、真っ青な空には
ぽかあんとした入道雲が浮かんでいる。
家の中は、当然ヒーターなんてとうにしまって、あれだけ暖かくしていた室内では、クーラーの冷気
が心地良く髪をゆする。

いろんなことがあった。

最初のころは、あの子の不在に毎日のように涙をこぼしていた私も、8か月たてばようやく——。

……とは、残念ながらいかなかった。


あの子の姿が見えなくなって、惰性のように新年を迎えた、1月、2月——。

そのころの記憶は、消しゴムで消されたように、まるでない。

3月——急に仕事が忙しくなった。

好きなファッション関連の仕事で、私は夢中で与えられた仕事をこなし、賞賛の言葉に心を浮き立たせ、人に会うことにも、出かけることにも前向きだった。

乗り越えられたのだ――と、頭の片隅で思った。あいがいなくても、私にはこうしてするべきことがあるし、笑いながら明日を迎えることができるのだ、と。

しかし、5月――それは唐突に訪れた。

パチン、と、まるで電気のヒューズが飛んだかのように、私の世界から色が消えた。

最初のうちは、仕事が忙しすぎたせいだろうとたかをくくっていた。だけど次第に食欲がなくなり、顔を洗うのすら面倒になり、水も飲まず、ある日、ベッドから起き上がることもできなくなった。

「うつ病」――。訪れた精神科の丸いすの上、屍《しかばね》のように壁にもたれかかったままの私が途方に暮れる。

理由もない涙があふれ出して止まらなくなった。

6月、7月――大げさではなく寝たきりで過ごした。

順調だった仕事もすべて休み、家事もせず、ソファの上、寝転がったまま仕事帰りの夫を迎える。

不思議だったのは、寝転がっているあいだ、時間だけはあったのに、驚くほどあいのことを考えずに済んだことだ。私の頭の中は黒いもやのようなものでおおわれ、頭痛と吐き気とめまいの苦しみで、何かを感じる余裕なんてなかった。

そして、8月――ふいに落ちていたヒューズが戻った。

立ち上がれる。食事もできる。少しずつだけど家事もできる。

ほっとしたのもつかの間。今度は身を食い破るような悲しみが私の中ではじけた。まるで、あの子を亡くしてすぐのときのように、あの子のいないソファを、ベッドを、台所を、廊下を見るたびに、滝のような涙が込み上げる。あいと、もう会うことはできないのだという気持ちと、そんなはずはない、私がちゃんとしていればきっと会えるんだという気持ちが、1秒ごとに交錯する。

虫を思わず殺してしまい、「あいの生まれ変わりだったかもしれない」と半狂乱になって悔やんだ。あいの骨壷に毎日食事を与え、一日でも忘れようものなら、あいがおなかを減らしているようで、また狂った。「子供を産めば、それはあいの生まれ変わりかもしれない」と思い、そうしているうちに本当に生理が止まった。婦人科に行くと、血中のプロラクチンという値が上がっているための病気なのだとわかった。

体も、心も、ぼろぼろだった。

もう8か月もたったのに——。

誰もが乗り越えている道なのに——。

情けなくて、情けなくて、誰に何を言われたわけでもないのに、私だけが、私を責め続けた。

そんなときだった。

眠れずに、偶然たどり着いたインターネットのサイトの中で、「グリーフワーク」という言葉と出会った。

グリーフワークとは、大切な存在を亡くした人の「悲嘆のプロセス」のことで、なかでも、アルフォンス・デーケン氏のお言葉には強く感銘を受けた。
氏の著書『死とどう向き合うか』（NHKライブラリー）に記された「悲嘆のプロセス」を自分なりにまとめたものがこれだ。

［悲嘆のプロセス　12の段階］

1．精神的打撃と麻痺《まひ》状態
心身のショックから現実感覚が麻痺状態に陥る。
心身のショックを少しでも和らげるための生体の本能的な防衛機制。
ふだんしっかりした人がこんな状態になっても精神的におかしくなったわけではない。

2．否認
感情的にも、理性的にも、相手の死という事実を否定しようとする。
死ぬはずはない、何かの間違いだ、どこかで生きている、などと思い込む。
この現象は、けっして頭がおかしくなり、混乱しているわけではない。

3. パニック

身近な人の死に直面した恐怖から極度のパニック状態に陥る。

一過性であれば問題はない。

4. 怒りと不当感

ショックが収まると、悲しみと同時に苦しみを負わされた激しい怒りが生じる。

交通事故や急病による突然の死の後では、この感情が強く現れる。

無理に怒りの感情を押し殺さず、上手に発散させることが必要。

また周囲も、悲嘆のプロセスの初期にそういった時期があることを理解しておく。

5. 敵意とうらみ

周囲の人々や亡くなった人に対して、敵意という形でやり場のない感情をぶつける。

最後まで故人のそばにいた医療関係者がその対象となることが多い。

6. 罪責感

悲嘆のプロセスが進むと、自分の過去の行いを悔やみ、自分を責める。

あの時ああすれば……や、逆に、あんなことをしてしまった……と後悔する。

7. 空想形成ないし幻想

亡くなった命がまだ生きているように思い込み、実生活でもそのように振る舞う。

故人の分まで食事を作ったり、故人の部屋を片づけられないなど。

8. 孤独感と抑うつ

慌ただしさが一段落して落ち着いてくると、紛らわしようのない孤独感に苛まれる。

気分が沈んで引きこもってしまったり、だんだん人間嫌いになったりする。

この時期が長引くと健康を損なうため、周囲の暖かい援助が必要。

9. 精神的混乱と無関心

空虚さから生活目標を見失い、全くやる気をなくした状態に陥る。

これも正常な悲嘆のプロセスの一部。

しかしこの時期が長引くと、精神科医やカウンセラーなどの専門家の援助が必要。

10. あきらめ―受容

日本語の「あきらめる」という言葉には、「明らかにする」という意味がある。

現実を「あきらか」に見つめて、相手の死を受け入れようとする努力が始まる。

11. 新しい希望―ユーモアと笑いの再発見
ユーモアと笑いが再びよみがえり、新しい一歩を踏み出そうという希望が生まれる。

健康的な日常生活を取り返し、愛する人の死を現実の生活から切り離すことができるようになる。

12. 立ち直りの段階―新しいアイデンティティーの誕生
苦痛に満ちた喪失体験を通じて新しいアイデンティティーを獲得する。

悲しみを乗り越え、より成熟した人間へと成長する。


読み進めていくと、それまでは、ただ手に負えず、狂っているのではないかとすら思っていた自分の感情が、けっして異常なのではなく正常な反応なのだとわかり、ほっとした。

そして、8か月は、立ち直るのに十分な月日ではなく、誰もが、まだ悲しみの中にいるのだと。いて――いいのだと。


私たちの生きる世界は、まだまだ「死」をおおっぴらに語るには届かない。

知人の親しい人が亡くなったと知れば、無意識に、これ以上ふれてはいけないことのように話題を変える。だから本人は、行き場のない悲しみの感情を作り笑いで流してしまう。

そしてそれは、死だけでなく、終末期を迎える命に対しても同じことだ。

グリーフワークという言葉を知ってから、私は、生まれて初めて、グリーフケアのカウンセリングに行った。

他人に本音を話すのが苦手な私が、2時間近く、カウンセラーさんと会話を交わし、最後に、これだけは聞かなくてはいけないと思っていた言葉を口にした。

「私は、ちゃんと口にしたほうがいいんでしょうか。あいが……『死んだ』ということを……」

言って、うなり声のような嗚咽とともに涙があふれた。カウンセラーさんは穏やかに首を振ると、

「そんな必要はありません。言いたくなったら言えばいいし、言いたくないときは言わなくていいんです」。

精神科の治療では、ペットロスなんて理解してもらえないだろうと思っていたお医者さんに、自分のうつの原因は猫の死にあるのではないかと恐る恐る伝えた。

猫のいない世界を生きることが死ぬほどつらいこと。猫のいない明日を想像するだけで気が狂いそうなほど不安になること。

先生は私の言葉にゆっくり耳を傾けた後、いつものような「何の薬を処方するか」ではなく、言った。

「明日を考えるのがつらいときは、今のことだけ考えてはどうでしょうか。私たちは、過去に戻ることも、未来を変えることもできないけれど、今を、大切にすることだけはできますから」

頭痛や吐き気がひどくて訪れた鍼灸院で、お門違いだと思いつつも、うつであることや湧き上がってしまう負の感情のことを伝えた。先生は鍼を打つ手が止まるほど、うーん、と、心をたゆたわせた後、「例えば……『痛い』という感覚がありますよね。じつは、生まれながらにして痛みの感覚がない方がいらっしゃるんですが、そういう方は早くに亡くなってしまうんです。つまり、痛みがわからなかったら、体や心をかばってあげることができない。痛みが出ることも、自分を大切にしてあげるために、必要なことなんだと思いますよ」。


そして私は、初めてブログに——

読者の方たちを悲しませてはいけない、と、ずっと感情の吐露を控えていたブログに、「あいがいなくて、悲しい」と書いた。

すると、同じように大切な存在を亡くし、胸が張り裂けんばかりに嘆き悲しんでいる人たちから「私もです」の言葉をもらえた。


ひとりじゃない。

本当の気持ちを吐き出したからこそ、つながるきずなも、きっとあるんだ。

私は、まだ、悲嘆のプロセスのすべてを乗り越えることはできていない。

それどころか、「10．あきらめ―受容」なんて、そうなってしまう自分を想像することすら気が遠くなる。

だけど、いい。

「乗り越える」んじゃなくて、あいの不在と、ともに生きよう。

グリーフケアのカウンセリングでこんな言葉を聞いた。

「どんな出会いにも、別れにも、意味があるんです」

あいと出会えた意味を考えれば、星の数ほど浮かんでくる。

あいは私に、ありのままの自分を愛することを教えてくれた。できないとあきらめていたことも、やってみればなんとかなるのだと教えてくれた。どんなマイナスも、ハンデではなく個性なのだと教えてくれた。ただ何げない日常が、どれほどいとおしいかを教えてくれた。

私は、だけど、あいに何をあげることができたんだろう。

頭を抱えて……ふと、思った。

――意味なんて、なくてもいいんじゃないか。

あいは、ただ、しあわせになるために私と出会い、過ごし、その一生を終えたのかな。

あるがままに。

どんな命も、やがては生き終わる。

それは、遠い未来の寿命かもしれないし、ほんの一瞬先、突然のできごとでかもしれない。

だから――

今、この瞬間を、生きていられる奇跡に感謝したい。

そして、この有限な世界の中で、そばにいてくれる命たちと、毎日を、泣けるほど愛していこう。

ビーと「あい」

あとがき

夜9時。偶然通りかかった道路の隅に、横たわる1匹の子猫を見つけた。両手両足を力なく投げ出し、ひと目で「事故に遭い死んでいる」のだとわかった。私と夫はあきらめつつも傍らに寄る。驚くことに息があった。数秒迷って救急病院に連れていくことを決意した。

「怒り」がなかったと言えば嘘になる。はねておいて置き去りにした誰かに。倒れている子猫を前に立ち止まらない人々に。だけどそれ以上に、私は誰にでもなく祈っていた。

「こんな暗い道で、子猫を見つけさせてくれて、ありがとう」――と。

あいと出会ってから、私はどんな感情よりも「ありがとう」を感じる機会が増えた。

最初の「ありがとう」は忘れもしない、あいを拾った繁華街。自動販売機の隣であいを抱きかかえ、どうしたものかと途方に暮れていたとき、ふいに隣の店から若い女性が飛び出してきた。小走りで、自分の着ていたフリースの上着を脱いでいる。女性は言った。

「その子、朝からいるんです。ずっと気になってて……これ、使ってください」

食事の約束をしていた友人たちは、文句ひとつ言わず病院に付き添ってくれた。母は祖母のアパートを快く提供し、世話まで手伝ってくれた。数多くのボランティア団体さんに手厳しい言葉をもらい落ち込んでいたとき、とある団体さんで、初めて「あいちゃんを助けてくれてありがとう」というお言葉をいただいて救われた。一緒にもらい手を探してくれた友人たち。ブログを見て我がことのように応援やアドバイスをくれた方々——。

誰かひとりいなくても、あいのしあわせなフィナーレはなかったと思う。

そして何より——あいと私を5年と10日間、ずっと陰で支え続けてくださった「じんじん動物病院」さんに、心からのありがとうを伝えたい。先生のおかげで、闘病は「苦しい」ものではなく、きずなを深める「しあわせ」なものなのだと知ることができた。

本書は、私が猫との生活を送る上で大きな力をいただいた緑書房さんから刊行させていただくことができた。編集の北構まゆ子さんには、私の感情的でつたない文章を大切に磨いていただけたことを、幸運に思う。

最後に、この本を手に取ってくださったあなたに——ありったけの「ありがとう」を。

もしもあなたが今、大切な誰かの闘病中であったなら、グリーフワークの途中であったなら……伝えたい。

あなたは、ひとりじゃない。そして、あなたに愛されているその子はしあわせだ。

事故に遭い、瀕死の状態で転がっていた子猫は、一時はその命を危ぶまれたが、おかげさまで順調に回復し、ゴロゴロのどを鳴らしてくれるまでになった。

子猫が来て驚いたのは、それまで一度たりと忘れたことのなかったあいの月命日を私がころっと失念し、泣きわめくこともなく、気がつけばその日を越えていたことだ。

あいが、ペロリと舌を出したように見えた。

[著者紹介]

咲 セリ

1979年生まれ。思春期のころより自らのアダルトチルドレン性を自覚し、自己喪失感、ヒステリー、自傷、希死念慮、強迫観念／行動、精神薬依存、アルコール依存、恋愛／性依存、パニック、うつ、パーナリティー障害を抱える。2004年に「あい」と出会って以来、依存や自傷を絶ち、在宅ウェブデザイン業に就くかたわら、ブログやイベント、執筆などを通じて「当たり前のことが当たり前にできずに自分を責めている人たち」へのメッセージを送り続けている。著書に『ちいさなチカラ―猫エイズと白血病 黒猫あいの物語』(ラセ)、『ちいさなチカラ あいとセリ』(ゴマブックス)がある。 ブログ「ちいさなチカラ」 http://love.ap.teacup.com/seri_ai

フィナーレを迎《むか》えるキミへ

Midori Shobo Co.,Ltd
Pet Life Sha & Chikusan Publishing

2010年11月10日 第1刷発行

■著 者／咲《さき》 セリ
■発行者／森田《もりた》 猛《たけし》
■発 行／ペットライフ社
■発 売／株式会社緑書房《みどりしょぼう》
〒103-0004
東京都中央区東日本橋2丁目8番3号
TEL 03-6833-0560
http://www.pet-honpo.com

■印刷・製本／図書印刷株式会社

落丁・乱丁本は、弊社送料負担にてお取り替えいたします。

ISBN978-4-903518-51-0

■カバー・本文デザイン／佐藤裕佳(Sola design)